Unmoralische Angebote, Grundrechtskitsch
und die kalte Hand des Erblassers

Studien zum deutschen und internationalen Familien- und Erbrecht

Herausgegeben von Martin Lipp, Christoph Benicke
und Marina Wellenhofer

Band 2

PETER LANG
Frankfurt am Main · Berlin · Bern · Bruxelles · New York · Oxford · Wien

Martin Gilbert

Unmoralische Angebote, Grundrechtskitsch und die kalte Hand des Erblassers

Sittenwidrige Potestativbedingungen in letztwilligen Verfügungen

PETER LANG
Internationaler Verlag der Wissenschaften

Bibliografische Information der Deutschen Nationalbibliothek
Die Deutsche Nationalbibliothek verzeichnet diese Publikation in der Deutschen Nationalbibliografie; detaillierte bibliografische Daten sind im Internet über <http://www.d-nb.de> abrufbar.

Zugl.: Dissertation Universität Mainz, 2008

Gedruckt auf alterungsbeständigem, säurefreiem Papier.

D 77
ISSN 1864-497X
ISBN 978-3-631-58381-4

Printed in Germany 1 2 3 4 5 7

www.peterlang.de

Vorwort

Die vorliegende Arbeit hat der Fachbereich Rechts- und Wirtschaftswissenschaften der Johannes-Gutenberg Universität Mainz im Sommersemester 2008 als Dissertation angenommen. Das Manuskript wurde im Dezember 2007 abgeschlossen.

Ich danke meiner Doktormutter Prof. Dr. Dagmar Kaiser herzlichst für die hervorragende Unterstützung bei der Erstellung der Arbeit. Bei Prof. Dr. Andreas Roth möchte ich mich für die schnelle Erstellung des Zweitgutachtens bedanken.

Weiter bin ich Frau Ass.iur. Stephanie Sittmann-Haury und Frau Kriemhild Uhlich zu Dank verpflichtet für das mühevolle Korrekturlesen des Manuskripts.

Abschließend danke ich meinen Eltern dafür, dass sie es mir möglich gemacht haben, diese Dissertation vorzulegen.

Mainz, im September 2008 — Dr. Martin Gilbert LL.M. (Toronto)

Inhaltsverzeichnis

Literaturverzeichnis

Ann, Christoph (Hrsg.)/*Kroiß, Ludwig* (Hrsg.)/*Mayer, Jörg* (Hrsg.): Anwaltskommentar Erbrecht 2.Aufl. (2007), [zitiert: *(Nachname des Verfassers)*, in: Anwaltskommentar Erbrecht, 2.Aufl. (2007) § Rn.]

Anschütz, Gerhard: Die Verfassung des Deutschen Reichs vom 11. August 1919, Vierte Bearbeitung, 14.Aufl. (1933) [zitiert: *Anschütz*, Die Verfassung des Deutschen Reichs, 14.Aufl. (1933), S.]

Armbrüster, Christian: Zivilrechtliche Folgen des Gesetzes zur Regelung der Rechtsverhältnisse der Prostituierten, NJW 02, 2763 – 2765 [zitiert: *Armbrüster*, NJW 02, 2763, (Fundstelle)]

Bamberger, Heinz Georg (Hrsg.)/*Roth, Herbert* (Hrsg.): Beckscher Online Kommentar zum BGB [zitiert: (*Nachname des Verfassers*), in: Bamberger/Roth BGB, online:www.beck-online.de, Datum des Zugriffs: ( ) § Rn.]

Battes, Robert: Der erbrechtliche Verpflichtungsvertrag im System des Deutschen Zivilrechts – Ziele, Dogmatik und praktische Auswirkungen des § 2302 BGB, AcP 178, S. 337 – 379 [zitiert: *Battes*, AcP 178, S. 337, (Fundstelle)]

Belling, Detlev W.: Einführung in das Recht der gewillkürten Erbfolge, Jura 86, 625 – 633 [zitiert: *Belling*, Jura 86, 625, (Fundstelle)]

Bosch, F.W.: Anmerkung zu BayObLG, Beschluss vom 02.09.1986, Az: 1 Z 31/86 (FamRZ 86, 1248 - 1250), FamRZ 86, 1250 – 1253 [zitiert: *Bosch*, FamRZ 86, 1250, (Fundstelle)]

Brox, Hans: Erbrecht, 22. Aufl. (2007) [zitiert: *Brox*, Erbrecht, 22. Aufl. (2007) Rn.]

Dauner-Lieb, Barbara: Bedarf es einer Reform des Pflichtteilsrechts?, DNotZ 01, 460 – 465 [zitiert: *Dauner-Lieb*, DNotZ 01, 460, (Fundstelle)]

Dreier, Horst (Hrsg.): Grundgesetz Kommentar, Band I (1996) [zitiert: (*Nachname des Verfassers*), in: Dreier, GG, Band (Jahr) (Angabe des kommentierten Artikels) Rn.]

Flume, Werner: Allgemeiner Teil des BGB, Band 2, 4. Aufl. (1992) [zitiert: *Flume*, BGB-AT, II, § Rn.]

Frieser, Andreas (Hrsg.): Kompaktkommentar Erbrecht 1. Aufl. (2007) [zitiert: *(Nachname des Verfassers)*, in: Kompaktkommentar Erbrecht, Aufl. (Jahr), § Rn.]

Gutmann, Thomas: Der Erbe und seine Freiheit, NJW 04, 2347 – 2349 [zitiert: *Gutmann*, NJW 04, 2347, (Fundstelle)]

Goebel, Joachim: Testierfreiheit als Persönlichkeitsrecht: Zugleich ein Beitrag zur Dogmatik des Allgemeinen Persönlichkeitsrechts, Mono. (2004) [zitiert: *Goebel*, Testierfreiheit als Persönlichkeitsrecht (2004), S.]

–: Eheschließungsfreiheit und erbrechtliche Potestativbedingungen – Zugleich eine Besprechung des Beschlusses des BayObLG v.3.9.1996 – 1Z BR 41/95, FamRZ 1997, 705, FamRZ 97, 656 – 662 [zitiert: *Goebel*, FamRZ 97, 656, (Fundstelle)]

Harder, Manfred/Kroppenberg, Inge: Grundzüge des Erbrechts, 5.Aufl. (2002) [zitiert: *Harder/Kroppenberg*, Erbrecht, 5. Aufl. (2002) §, Rn.]

Isensee, Josef: Inhaltskontrolle des Bundesverfassungsgerichts über Verfügungen von Todes wegen – Zum Hohenzollern Beschluss des BVerfG, DNotZ 04, 754 – 766 [zitiert: *Isensee*, DNotZ, 04, 754, (Fundstelle)]

Herberger, Maximilian (Hrsg.)/*Martinek, Michael* (Hrsg.)/*Rüßmann, Helmut* (Hrsg.)/*Weth, Stephan* (Hrsg.): Juris-Praxiskommentar BGB, 3.Aufl. (2006) [zitiert: (*Nachname des Verfassers*), in: jurisPK-BGB, 3. Aufl. (2006) § Rn.]

Kaser, Max/Knütel, Rolf: Römisches Privatrecht, 18. Aufl. (2005) [zitiert: Kaser/ Knütel, Römisches Recht, 18.Aufl. (2005) S.]

Kellenter, Wolfgang: Bedingte Verfügungen von Todes wegen, insbesondere auch ein Beitrag zur Sittenwidrigkeit letztwilliger Potestativbedingungen, Diss. (1989) [zitiert: *Kellenter*, Diss. (1989), S. (Fundstelle)]

Knobbe -Keuk, Brigitte: Der Erblasserwille post testamentum – Zur Unzulässigkeit der testamentarischen Potestativbedingung, FamRZ 72, 9 – 16 [zitiert: *Knobbe -Keuk*, FamRZ 72, 9 (Fundstelle)]

Kroppenberg, Inge: „Wer lebt, hat Recht" – Lebzeitiges Rechtsdenken als Fremdkörper in der Inhaltskontrolle von Verfügungen von Todes wegen, DNotZ 06, 86 – 105 [zitiert: *Kroppenberg*, DNotZ 06, 86, (Fundstelle)]

Leipold, Dieter: Erbrecht, 16. Aufl. (2006) [zitiert: *Leipold*, Erbrecht, 16. Aufl. (2006), Rn.]

–: Wandlungen in den Grundlagen des Erbrechts?, AcP 180 (1980) S. 160 – 237 [zitiert: Leipold, AcP 180, S.160, (Fundstelle)]

Meincke, Jens Peter: Souveräne Erbrechtskommentierung (Rezension: Münchener Kommentar zum BGB), DStR 82, 231 – 232 [zitiert: *Meincke*, Souveräne Erbrechtskommentierung, DStR 82, 231, (Fundstelle)]

Michalski, Lutz: BGB – Erbrecht, 3. Aufl. (2006) [zitiert: *Michalski*, Erbrecht, 3. Aufl. (2006) Rn.]

Muscheler, Karlheinz: Zur Unwirksamkeit eine Erbunfähigkeitsklausel im Erbvertrag eines Adelsgeschlechts, ZEV 99, 151 – 152 [zitiert: *Muscheler*, ZEV 99, 151, (Fundstelle)]

Müller, Felix: Ökonomische Theorie des Rechts, in: *Buckel/ Christensen/ Fischer-Lescano* (Hrsg.): Neue Theorien des Rechts, (2006) S. 323 – 344 [zitiert: *Müller*, in: Buckel, Christensen, Fischer-Lescano (Hrsg.): Neue Theorien des Rechts: Ökonomische Theorie des Rechts (2006), S.323, (Fundstelle)]
Von Mangoldt, Hermann (Begr.)/*Klein., Friedrich* (Fortführer)/*Starck, Christian* (Hrsg.): Kommentar zum Grundgesetz, 5. Aufl. (2005) [zitiert: (*Nachname des Verfassers*) in: v. Mangoldt/ Klein/ Starck, GG (Band), (Angabe des kommentierten Artikels) Rn.]
Otte, Gerhardt: Die Bedeutung der „Hohenzollern" – Entscheidung des Bundesverfassungsgerichts für die Testierfreiheit, ZEV 04, 393 – 398 [zitiert: *Otte*, ZEV 04, 393, (Fundstelle)]
Palandt, Otto (Begr.): Bürgerliches Gesetzbuch, Kommentar, 67.Aufl. (2008) [zitiert: (*Nachname des Verfassers*, in: Palandt, ( ). Aufl. (Jahr) § Rn.]
Rebmann, Kurt (Hrsg.)/*Rixecker, Roland* (Hrsg.)/*Säcker, Franz Jürgen* (Hrsg.): Münchener Kommentar zum Bürgerlichen Gesetzbuch, 4. Aufl. (2004) [zitiert: (*Nachname des Verfassers*), in: MüKo, ( ). Aufl. (Jahr), Band, § Rn.]
Schlitt, Gerhard: Der Schutz des Pflichtteilsberechtigten vor belastenden Anordnungen des Erblassers, Diss. (1990) [zitiert: *Schlitt*, Diss. (1990), S. (Fundstelle)]
Schlüter, Wilfried:*Hadding* (Hrsg.): Festgabe Zivilrechtslehrer 1934/35, Grenzen der Testierfreiheit – Grenzen einer „Herrschaft aus dem Grabe", (1999), S. 575 – 591 [zitiert: *Schlüter*, FZ 1934/1935, S. 575, (Fundstelle)]
Schmidt-Rimpler, Walter: Grundfragen einer Erneuerung des Vertragsrechts, AcP 147 (1941) S. 130 – 197 [zitiert: Schmidt-Rimpler AcP 147, S. 130, (Fundstelle)]
Schmitt, Angelika: Die Sittenwidrigkeit von Testamenten in der höchstrichterlichen Rechtsprechung, Diss. (1999) [zitiert: *Schmitt*, Diss. (1999), S. (Fundstelle)]
Smid, Stefan: Rechtliche Schranken der Testierfreiheit aus § 138 I BGB, NJW 90, 409 – 417 [zitiert: Smid, NJW 90, 409, (Fundstelle)]
Soergel, Hs.Th. (Begr.)/*Siebert, W.* (Hrsg.): Bürgerliches Gesetzbuch [zitiert: (*Nachname des Verfassers*), in: Soergel, (). Aufl. (Jahr) § Rn.)]
Staudinger, J.V.: Kommentar zum Bürgerlichen Gesetzbuch [zitiert: (*Nachname des Verfassers*, in: Staudinger, (). Aufl./ Bearbeitung (Jahr), (bei 10.Aufl.: Band, Teil,) (Angabe des kommentierten Paragraphen) Rn.]
Thielmann, Georg: Sittenwidrige Verfügungen von Todes wegen, Habil. (1972) [zitiert: *Thielmann,* Habil. (1972), S. Fundstelle]
Vyas, Sandra: Der Schutzbereich der Erbrechtsgarantie, ZEV 02, 1 – 5 [zitiert: *Vyas*, ZEV 02, 1 (Fundstelle)]

Westermann, Harm Peter: Der strafende und disziplinierende Erblasser, in: *Bucher/ Canaris/ Honsell /Koller* (Hrsg.): Norm und Wirkung – Festschrift für Wiegand, (2005), S. 661 – 684 [zitiert: *Westermann*, in: FS für Wiegand (2005), S.661, (Fundstelle)]

A. Einleitung[1]

„Der Konflikt, an dem sich das BVerfG ausrichtet, hat keine grundrechtliche Qualität, sondern moralische. Das Kriterium des „unzumutbaren" Drucks, mit dem es arbeitet, ist juristisch belanglos. In seiner Betulichkeit und Hyperempfindlichkeit entspricht es der Rührungsschwelle von Leserinnen der Herz-Schmerz-Postillen, Soraya-Blättern, Regenbogenpresse. Grundrechtskitsch."[2]

Vorstehende scharfe Kritik des Staatsrechtslehrers *Isensee* galt einer Entscheidung des BVerfG[3], in der es eine Entscheidung des BGH[4] zur Erbfolge im Hause Hohenzollern der verfassungsmäßigen Überprüfung zuzuführen hatte. Der ehemalige deutsche Kronprinz *Wilhelm von Preußen* hatte in einem Erbvertrag aus dem Jahre 1938 unter anderem verfügt, dass Erbe nur sein könne, wer in einer der Hausverfassung genügenden Ehe lebe bzw. aus einer solchen geboren sei. Während der BGH diese Klausel für wirksam gehalten hatte, griff das BVerfG korrigierend ein und monierte, dass man nicht in einer den verfassungsrechtlichen Vorgaben genügenden Weise geprüft habe, ob eine derartige Ebenbürtigkeitsklausel in einem Erbvertrag geeignet gewesen sei, auf den Bedachten *„einen für diesen unzumutbaren Druck bei der Eingehung einer Ehe zu erzeugen.*"[5]

In zivilrechtlicher Hinsicht stellt sich eine Verfügung, wie die des damaligen Prinzen, zunächst einmal als eine Erbeinsetzung gem. § 1937 BGB unter einer Bedingung nach § 158 BGB dar. Dass dies dem Grunde nach zulässig ist, ergibt sich bereits aus den Vorschriften der §§ 2074 und 2075 BGB. Mit jeder bedingten Erbeinsetzung ist zwingend die Anordnung von Vor- und Nacherbschaft gem. § 2100 BGB verbunden. Bei einer aufschiebenden Bedingung werden im Zweifel die gesetzlichen Erben gem. § 2105 BGB Vorerben, bevor durch Eintritt der auf-

---

1 Zum Titel der Arbeit: Der Begriff des „*Angebots*" wurde entnommen von *Gutmann*, Der Erbe und seine Freiheit, NJW 04, 2347, 2347; der Begriff des „*Grundrechtskitsch*" wurde entnommen von *Isensee*, Inhaltskontrolle des Bundesverfassungsgerichts über Verfügungen von Todes wegen – Zum Hohenzollern Beschluss des BVerfG, DNotZ 04, 755, 762; der Begriff der „*kalten Hand des Erblassers*" wurde entnommen von *Kroppenberg*, „Wer lebt, hat Recht" – Lebzeitiges Rechtsdenken als Fremdkörper in der Inhaltskontrolle von Verfügungen von Todes wegen, DNotZ 06, 86, 90.

2 *Isensee*, DNotZ 04, 755, 762.

3 BVerfG, Beschluss vom 22.03.2004, Az: 1 BvR 2248/01, NJW 04, 2008 ff.

4 BGH, Beschluss vom 02.12.1998, Az: IV ZB 19/97, NJW 99, 566 ff.

5 BVerfG, Beschluss vom 22.03.2004, Az: 1 BvR 2248/01, NJW 04, 2008, 2008.

schiebenden Bedingung der Berufene Erbe[6] werden kann. Im umgekehrten Fall der auflösend bedingten Erbeinsetzung verliert der Bedachte seine Erbenstellung mit Bedingungseintritt und der Nachlass fällt an den oder die Nacherben. Im Zweifel sind dazu gem. § 2104 BGB die gesetzlichen Erben berufen.

Die Bedingung ist eine Bestimmung des Erblassers, wonach die Rechtswirkungen der Verfügung von Todes wegen insgesamt oder einzelner in ihr enthaltener Verfügungen, wie Erbeinsetzung, Vermächtnisse, Testamentsvollstreckung etc., vom Eintritt oder Nichteintritt eines vom Erblasser bezeichneten Umstandes abhängen sollen, wobei der Umstand auch eine bestimmte Handlung des Bedachten sein kann.[7] Letztere Anordnungen werden auch als *Potestativbedingungen* bezeichnet.[8] Ob der Eintritt dieses Ereignisses zwischen Errichtung der Verfügung und dem Erbfall oder nach dem Erbfall liegt, spielt für die Frage der Zulässigkeit derartiger Bestimmungen keine Rolle, sondern wirkt sich nur auf die Anwendbarkeit der Regelungen der §§ 2074, 2075 BGB aus, die schon aufgrund des klaren Wortlauts nur im erstgenannten Fall Anwendung finden.[9]

Die Verknüpfung der letztwilligen Anordnung mit einer Bedingung, die von einem bestimmten Verhalten bzw. vom Willen des Bedachten abhängt, stellt gleichwohl keinen Verstoß gegen den insbesondere in 2065 BGB zum Ausdruck kommenden Grundsatz der Höchstpersönlichkeit letztwilliger Verfügungen dar. Nach § 2065 I BGB kann der Erblasser eine letztwillige Verfügung nicht in der Weise treffen, dass ein anderer zu bestimmen hat, ob sie gelten oder nicht gelten soll. Der Erblasser darf also die Frage der Gültigkeit einer letztwilligen Verfügung nicht derart in das Ermessen eines Dritten stellen, dass der Wille des Dritten oder des Bedachten vollständig an die Stelle des Erblasserwillens tritt. Potestativbedingungen verstoßen nicht gegen diesen Grundsatz, da der Wille des Erblassers nicht durch den des bedingt Bedachten ersetzt wird. Es steht nicht die Ausübung des Willens des Bedachten im Vordergrund, sondern lediglich der Eintritt des den Bedingungseintritt auslösenden Ereignisses.[10]

Abzugrenzen ist die Bedingung insbesondere von der bloßen Mitteilung des Erblassermotivs, von der unverbindlichen, erbrechtlichen Empfehlung und der Auflage gem. § 1940 i.V.m. §§ 2192 ff. BGB.

---

6 Die Ausführungen in dieser Untersuchung gelten selbstverständlich unabhängig vom Geschlecht der beteiligten Personen. Sofern im Folgenden also von *dem Erblasser, dem Testator, dem Verfügenden, dem Bedachten, dem Betroffenen*, etc. die Rede ist, ist damit gleichzeitig auch die entsprechende weibliche Form gemeint.

7 Vgl. statt vieler *Edenhofer*, in: Palandt, 67. Aufl. (2008) § 2074 Rn. 1.

8 Vgl. statt vieler *Edenhofer*, in: Palandt, 67. Aufl. (2008) § 2065 Rn. 5.

9 Vgl. statt vieler *Edenhofer*, in: Palandt, 67. Aufl. (2008) § 2074 Rn. 1.

10 Vgl. statt vieler *Edenhofer*, in: Palandt, 67. Aufl. (2008) § 2065 Rn. 5.

Teilt der Erblasser den Beweggrund für die Errichtung der Verfügung in ihrem Text mit, lautet das Testament beispielsweise: *„Für den Fall, dass mir auf meiner Indien-Reise etwas zustößt, verfüge ich ... "*, ist zu klären, ob der Erblasser lediglich seine Motivation angegeben hat, aus der heraus er sich zum Aufsetzen einer Verfügung von Todes wegen motiviert sah, oder ob die Anordnungen dann keine Geltung beanspruchen sollen, wenn der Erblasser von seiner Reise unversehrt zurückkehrt und erst Jahre später eines natürlichen Todes stirbt. Die Auslegung einer derartigen Anordnung nach § 2084 BGB wird im Zweifel dazu führen, dass eine starre Verknüpfung zwischen Eintritt des angegeben Ereignisses und Wirksamkeit nicht gewollt ist, sondern lediglich eine Mitteilung der Motivation vorliegt.[11]

Die erbrechtliche Empfehlung bezeichnet nur einen vom Erblasser ausgesprochenen Wunsch, dass sich die Erben nach dem Erbfall in einer bestimmten Weise verhalten sollen.[12] Eine Bindungswirkung besteht für die Erben damit aber in keiner Weise. Es steht ihnen frei, den Willen des Erblassers zu ignorieren, ohne dass dies rechtliche Konsequenzen hätte.

Der mit einer Auflage beschwerte Erbe oder Vermächtnisempfänger tritt mit dem Erbfall in diese Rechtsposition ein. Die Auflage begründet für ihn eine Handlungsverpflichtung, welcher kein Berechtigter gegenüber steht, der die Erfüllung der vom Erblasser angeordneten Verpflichtung verlangen könnte. Der gegebenenfalls von einer solchen Auflage Begünstigte hat keinen Anspruch auf Leistung oder auf Schadensersatz statt der Leistung gem. § 281 BGB.[13] Die in § 2194 BGB genannten Vollziehungsberechtigten können jedoch notfalls gerichtlich durchsetzen, dass die Auflage erfüllt wird. In dieser Möglichkeit der zwangsweisen Durchsetzung des Erblasserwillens liegt der wesentliche Unterschied zwischen der Bedingung und der Auflage in den Fällen, in denen die Bedingung an die Vornahme einer bestimmten Handlung des Bedachten knüpft. Dem Bedachten steht es im Falle der Potestativbedingung völlig frei, die begehrte Handlung auszuführen. Nimmt er sie nicht vor, treten die Rechtswirkungen der Anordnung schlichtweg nicht ein. Dieselbe Handlungsverpflichtung in Form einer Auflage angeordnet, bringt den Bedachten zwar sofort in den Genuss

---

11 Vgl. BayObLG, Beschluss vom 24. 1. 2003 – 1Z BR 14/02, NJW-RR 03, S. 659, 661; im Übrigen statt vieler *Edenhofer*, in: Palandt, 67. Aufl. (2008) § 2074 Rn. 1; *Litzenburger*, in: Bamberger/Roth BGB, online: www.beck-online.de, Datum des Zugriffs: 01.12.2007, § 2074 Rn. 7.

12 Vgl. dazu *KG*, Beschluss vom 04.04.1968; Az: 1 W 354/68, FamRZ 68, 334 ff, in dem zu Unrecht vom Vorliegen einer unverbindlichen Empfehlung ausgegangen wurde, ausführlich dazu unter C. II. 8.

13 Vgl. statt vieler *Edenhofer*, in: Palandt, 67. Aufl. (2008) § 1940 Rn. 1.

der vom Erblasser bestimmten Rechtsposition, führt aber auch dazu, dass die Auflage notfalls gerichtlich durchgesetzt werden kann.

Bedingte Erbeinsetzungen, die an ein bestimmtes Verhalten des Bedachten anknüpfen, sind dem Grunde nach unproblematisch zulässig. Schon seit weit über hundert Jahren beschäftigen sie aber Gerichte und Literaten, wenn das Verhalten, das der Bedachte an den Tag legen muss, um erben zu können, diesen in seinen eigenen Angelegenheiten einzuschränken scheint. Es drängt sich dann die Frage auf, ob der Erblasser in dieser Weise in die Geschicke der Hinterbliebenen eingreifen kann, ohne dabei die Grenzen der Testierfreiheit zu verletzen bzw. ohne dabei gegen die guten Sitten zu verstoßen.

Die Testierfreiheit bezeichnet das Recht des Erblassers, nach seinen eigenen Vorstellungen darüber zu entscheiden, wer nach seinem Tod in seine vermögensrechtliche Stellung einrücken soll. Es steht ihm dabei frei, von der gesetzlich vorgesehenen Erbfolge abzuweichen und die Erbfolge selbst durch Verfügung von Todes wegen weitgehend nach seinen persönlichen Wünschen und Vorstellungen zu regeln.[14] Dieser Freiheit werden jedoch durch die Rechtsprechung des BVerfG im Hinblick auf letztwillige Potestativbedingungen zugunsten der persönlichen Freiheit der Bedachten enge Grenzen gesetzt. Es ist nach dieser Rechtsprechung, die von der wohl herrschenden Meinung in der Literatur mitgetragen wird, stets zu prüfen, ob der Betroffene durch die Anordnung unter unzumutbaren Druck gerät, eine eigene grundrechtlich geschützte Freiheit nicht auszuüben.[15]

Ziel dieser Untersuchung ist es, der herrschenden Meinung in Literatur und Rechtsprechung entgegenzutreten und aufzuzeigen, dass durch die strenge Inhaltskontrolle letztwilliger Potestativbedingungen, die ein an sich sittlich neutrales Verhalten zum Gegenstand haben, die Testierfreiheit des Erblassers, die einen prägenden Grundsatz des deutschen Erbrechts darstellt, ohne Notwendigkeit und über Gebühr eingeschränkt wird. Die im Rahmen der Inhaltskontrolle von Rechtsgeschäften nach § 138 BGB anzuwendenden Wertungsmaßstäbe lassen den von Rechtsprechung und herrschender Meinung gezogenen Schluss nicht zu.

Ausgangspunkt dieser Untersuchung ist die Testierfreiheit des Erblassers in ihrer grundgesetzlichen und zivilrechtlichen Ausprägung. Im Anschluss daran wird die bisherige Rechtsprechung zu letztwilligen Potestativbedingungen einer

---

14 BVerfG, Beschluss vom 14.12.1994 – 1 BvR 720/90, NJW 95, S. 2977, 2978; BVerfG, Beschluss vom 19.1.1999 – 1 BvR 2161/94, NJW 99, S. 1853, 1853; *Edenhofer*, in: Palandt, 67. Aufl. (2008) § 1937 Rn. 3; *Otte*, in: Staudinger, 13. Aufl. (Neubearbeitung 2000) Einl. zu §§ 1922 ff. Rn. 54; *Harder/ Kroppenberg*, Erbrecht, 5.Aufl. (2002) § 2 Rn. 7; *Leipold*, Erbrecht, 16. Aufl. (2006) Rn. 233; *Leipold*, in: MüKo, 4.Aufl. (2004), Band 9, Einleitung Rn. 15 ff.

15 Vgl. dazu die ausführliche Darstellung und die Nachweise unter C.

fallbezogenen, kritischen Analyse unterzogen und werden ihr die verschiedenen Literaturmeinungen gegenübergestellt, um in Anschluss daran die Ungereimtheiten der vertretenen Lösungsansätze aufzuzeigen. In einer Schlussbetrachtung werden die sich aus dieser Untersuchung ergebenden Schranken letztwilliger Potestativbedingungen aus § 138 BGB dargelegt.

B. Testierfreiheit

I. Testierfreiheit und Familienerbfolge – Kurzüberblick über die historische Entwicklung der Testierfreiheit

1. Rechtslage vor Inkrafttreten des BGB

Die Testierfreiheit stellt heute die zentrale erbrechtliche Ausprägung des Grundsatzes der Privatautonomie dar. Während diese Freiheit als selbstverständliche Ergänzung der Verfügungsfreiheit des Eigentümers erscheint, hat sie sich historisch gesehen erst allmählich herausgebildet. Der Testierfreiheit stand in dieser Entwicklung insbesondere der Gedanke des Familienerbrechts gegenüber. Das Privateigentum des Einzelnen stellte i.d.R. gleichzeitig das gesamte Vermögen der Familie dar. Als solches wurde es zumindest im altrömischen Recht und auch im alten deutschen Recht als der Verfügungsfreiheit des Einzelnen weitgehend entzogen angesehen.[16] Die Rolle des jeweiligen Eigentümers, der in der Generationenfolge das Familienvermögen insbesondere zum Zwecke der Erhaltung und Verwaltung inne hatte,[17] stand im Vordergrund. Dieser sollte die wirtschaftliche Basis zukünftiger Generationen nicht dadurch gefährden, dass sie zu seiner freien Disposition (von Todes wegen) stand.[18] Mit der Möglichkeit des Einzelnen, innerhalb eines Menschenlebens durch eigene Leistungen Vermögen aufzubauen,[19] und dem gleichzeitigen Fortschritt sozialer Systeme geriet die rechtliche und gesellschaftliche Funktion der Familie als Versorgungsorgan allmählich in den Hintergrund und mit ihr auch der Gedanke der Familiengebundenheit des Vermögens des Einzelnen. Die Testierfreiheit löste daher die strenge Familienbindung allmählich ab.[20]

---

16 *Boehmer*, in: Staudinger BGB, 10 Aufl. (1954) Band V, 1. Teil Einleitung § 12 Rn. 5 und § 14 Rn. 11 ff.

17 *Boehmer*, in: Staudinger BGB, 10 Aufl. (1954) Band V, 1. Teil Einleitung § 12 Rn. 3.

18 *Leipold*, in: MüKo, 4. Aufl. (2004), Band 9, Einleitung Rn. 8.

19 *Leipold*, in: MüKo, 4. Aufl. (2004), Band 9, Einleitung Rn. 8.

20 Vgl. dazu die ausführlichen Ausführungen bei *Boehmer*, in: Staudinger BGB, 10 Aufl. (1954) Band V, 1. Teil Einleitung § 12- § 14.

2. *Testierfreiheit im BGB*

Im BGB sind die Grundprinzipien der Familienerbfolge und der Testierfreiheit insofern in Einklang gebracht worden, als der Grundsatz der Familienerbfolge zur Grundlage der gesetzlichen Erbfolge gemacht wurde („*das Gut rinnt wie das Blut*"[21]) und durch das Pflichtteilsrecht naher Familienangehöriger geschützt wird, denen zumindest eine schuldrechtliche Nachlassbeteiligung garantiert ist, welche der Erblasser nur unter engen Voraussetzungen ausschließen kann. Auf der anderen Seite hat das heutige BGB als Ausdruck der Testierfreiheit den neuzeitlichen Besitzbürger vor Augen,[22] der in seiner Freiheit, letztwillig über sein Vermögen nach eigenem Ermessen zu verfügen, grundsätzlich nur den allgemein für Rechtsgeschäfte geltenden Beschränkungen unterliegt und im Übrigen nur durch den erbrechtlichen Typenzwang und das Pflichtteilsrecht beschränkt ist.[23] Pflichtteilsrecht und Testierfreiheit stehen sich im BGB spiegelbildlich gegenüber.[24]

II. Testierfreiheit und Grundgesetz

1. *Testierfreiheit als Ausprägung der Erbrechtsgarantie des Art. 14 I GG*

a) *Funktionen der Erbrechtsgarantie*

Die in Art. 14 I S.1 GG enthaltene Erbrechtsgarantie bildet zusammen mit der Eigentumsgarantie des Art. 14 I S.1 GG die rechtliche Grundlage für die private Vermögensordnung. Das Erbrecht hat die Funktion, das Privateigentum als Grundlage der eigenverantwortlichen Lebensgestaltung mit dem Tode des Eigentümers nicht untergehen zu lassen, sondern dessen Fortbestand im Wege der Rechtsnachfolge zu sichern.[25] Im Rahmen des Art. 14 I S.1 GG wird das Erbrecht in zweierlei Hinsicht geschützt: zum einen als Institutsgarantie und zum anderen auch als Individualgrundrecht.[26]

---

21 Der Ursprung dieser sprichwörtlichen Beschreibung der gesetzlichen Erbfolge war nicht feststellbar.

22 *Leipold*, in: MüKo, 4. Aufl. (2004), Band 9, Einleitung Rn. 8.

23 Vgl. dazu im Einzelnen die Ausführungen unter B. III. 3.

24 BVerfG, Beschluss vom 19.04.2005 – 1 BvR 1644/00 und 1 BvR 188/03, NJW 05, 1561, 1562.

25 Vgl. statt vieler BVerfG, Beschluss vom 22.06.1995, 2 BvR 552/91 BVerfGE 93, 165, 173.

26 Vgl. statt vieler BVerfG, Beschluss vom 16.10.1984 1 BvR 513/78 BVerfGE 67, 329, 340; *Wieland*, in: Dreier, GG, Band I, (1996), Art.14 Rn. 57; *Brox*, Erbrecht, 22.Aufl.

(1) Institutsgarantie

Im Rahmen der Institutsgarantie gewährleistet Art. 14 GG das Privaterbrecht mit seinen tragenden Grundprinzipien. Damit ist vorrangig das Prinzip der Privaterbfolge und die Testierfreiheit des Erblassers gewährleistet.[27] Der Grundsatz der Privaterbfolge besagt, dass privates Vermögen im Todesfall wiederum in private Hände zu gelangen hat. Erst wenn kein Erbe bestimmt ist und auch ein – familienzugehöriger – gesetzlicher Erbe überhaupt nicht zu ermitteln ist, fällt der Nachlass dem Staat zu.[28] Der Gesetzgeber darf in diesen Wesensgehalt des Grundrechts nicht im Sinne einer völligen Beseitigung eingreifen.[29] Prinzipiell frei stünde es aber dem Gesetzgeber, von dem Grundsatz der Universalsukzession abzuweichen, zumindest sofern geeignete Alternativen zur Vermögensübertragung auf den Todesfall bereit gestellt werden.[30] In der Testierfreiheit enthalten, ist auch das Gebot an den Gesetzgeber, eine gesetzliche Regelung für den Fall zu schaffen, dass eine wirksame letztwillige Verfügung nicht vorliegt.[31]

Inwieweit im Rahmen der Erbrechtsgarantie auch das Prinzip des Verwandtenerbrechts geschützt ist, war lange Zeit umstritten,[32] wird nach mittlerweile herrschender Meinung aber bejaht.[33] Dies folge schon daraus, dass die Erbrechtsgarantie sich nicht vordringlich in der Testierfreiheit des Erblassers erschöpfen könne, da nicht alle Menschen von Geburt bis zum Tod als testierfähig angesehen werden könnten.[34] Geschützt wird der Grundsatz des Familienerbrechts aber nur insoweit, als verfassungsrechtlich garantiert ist, dass die Grundlage der subsidiären gesetzlichen Erbfolge auf einer objektivierten Sicht des verständigen Erblassers beruhen muss, welche wiederum typisierend auf objektiv

---

(2007), Rn. 27; vgl. ausführlich dazu *Vyas*, Der Schutzbereich der Erbrechtsgarantie, ZEV 02, 1.

27 *Brox*, Erbrecht, 22.Aufl. (2007), Rn. 27.

28 *Leipold*, in: MüKo, 4. Aufl. (2004), Band 9, Einleitung Rn. 8.

29 *Brox*, Erbrecht, 22.Aufl. (2007), Rn. 27.

30 *Wieland*, in: Dreier, GG, Band I, (1996), Art. 14. Rn. 59; *Depenheuer*, in: v. Mangoldt/ Klein/ Starck, GG, I, (2004) Art. 14, Rn. 517.

31 BVerfG, Beschluss vom 14.12.1994 – 1 BvR 720/90, BVerfGE 91, 346, 358; *Wieland*, in: Dreier, GG, Band I, (1996), Art. 14. Rn. 57.

32 Vgl. *Wieland*, in: Dreier, GG, Band I, (1996), Art. 14. Rn. 58.

33 Noch offen gelassen in BVerfG, Beschluss vom 14.12.1994 1 BvR 720/90, BVerfGE 91, 346, 358; bejaht in BVerfG, Beschluss vom 22.06.1995 – 2 BvR 552/91, BVerfGE 93, 165, 173; *Depenheuer*, in: v.Mangoldt/ Klein/ Starck, GG, I, (2004) Art. 14, Rn. 517.

34 *Depenheuer*, in: v.Mangoldt/ Klein/ Starck, GG, I, (2004) Art. 14, Rn. 517; so auch schon BVerfG, Beschluss vom 14.12.1994 1 BvR 720/90, BVerfGE 91, 346 , 358, ohne allerdings den Grundsatz des Familienerbrechts ausdrücklich als Bestandteil der Erbrechtsgarantie anzuerkennen.

bestehenden familiären Bindungen fußt. Dabei ist allerdings lediglich der engere Kreis der Familienangehörigen in den Schutzbereich der Erbrechtsgarantie mit einbezogen, weil nur dieser unter besonderem Schutz des Art. 6 I GG steht.[35]

(2) Individualgrundrecht

Als Individualgrundrecht garantiert Art. 14 I S.1 GG dem Erblasser das Recht auf Testierfreiheit und daneben dem gesetzlichen oder testamentarisch bestimmten Erben, in zeitlicher Hinsicht ab dem Zeitpunkt des Erbfalls, das Recht auf den Erwerb von Todes wegen.[36] Dieser Erweiterung des Schutzbereichs auf die letztwillig Bedachten bzw. die gesetzlichen Erben resultiert daraus, dass ohne eine solche Anerkennung der Grundrechtsschutz des Erben mit dem Tod des Erblassers, als Träger des Grundrechts, enden würde und der Erbe sich anderenfalls im Falle eines staatlichen Eingriffs nicht mehr zur Wehr setzen könnte.[37]

b) Testierfreiheit als Teil der Institutsgarantie

Die Testierfreiheit wird in Art. 14 GG als die *„tragende Säule des bürgerlichen Erbrechts"* [38] verfassungsrechtlich besonders geschützt und wird in der Rechtsprechung des BVerfG und des BGH als *„bestimmendes Element der Erbrechtsgarantie"*[39] angesehen.

Der verfassungsrechtliche Schutz der Testierfreiheit verleiht nicht nur bestehenden Regelungen und dem Institut als solchem Bestandsschutz, sondern führt auch dazu, dass tradierte Regelungen gegebenenfalls überholt werden müssen. In einer Entscheidung des BVerfG[40] wurde der völlige Ausschluss von Personen, die weder schreiben noch sprechen können, von den bis dato verfügbaren Formen der Testamentserrichtung als Verstoß gegen Art 14 I S.1 GG gewertet. Diese

---

35 *Depenheuer*, in: v.Mangoldt/ Klein/ Starck, GG, I, (2004) Art. 14, Rn. 518, 519. Zur Frage, inwieweit auch das Pflichtteilsrecht naher Angehöriger in den Schutzbereich der Erbrechtsgarantie fällt, vgl. unten B. III. 3. a).

36 BVerfG, Beschluss vom 19.04.2005 – 1 BvR 1644/00 und 1 BvR 188/03, NJW 05, 1561; auch schon BVerfG, Beschluss vom 14.12.1994 – 1 BvR 720/90, BVerfGE 91, 346, 360; BVerfG, Beschluss vom 19.01.1999 – 1 BvR 2161/94, BVerfGE 99, 341, 349.

37 BVerfG, Beschluss vom 22.06.1995 – 2 BvR 552/91, BVerfGE 93, 165, 173; *Depenheuer*, in: v.Mangoldt/ Klein/ Starck, GG, I, (2004) Art. 14, Rn. 518, 519.

38 *Harder/ Kroppenberg,* Erbrecht, 5.Aufl. (2002) § 2 Rn. 9.

39 BVerfG, Beschluss vom 16.10.1984 – 1 BvR 513/78, BVerfGE 67, 329, 341; BGH, Beschluss vom 05.06.1992 – B/Lw 7/91, BGHZ 118, 361, 365; *Leipold*, in: MüKo, 4. Aufl. (2004), Band 9, Einleitung Rn. 25.

40 BVerfG, Beschluss vom 19.1.1999 – 1 BvR 2161/94, BVerfGE 99, 341, 341.

Entscheidung wurde zwischenzeitlich durch das OLG VertrÄndrÄndG[41] in das BGB eingearbeitet, so dass mittlerweile für die Betroffenen gem. § 2232 BGB die Möglichkeit besteht, ihren letzten Willen durch Übergabe einer schriftlichen Erklärung, welche nicht von ihnen selbst geschrieben sein muss, zu kommunizieren.

Vom BVerfG bislang offen gelassen und für die vorliegende Arbeit ohne ersichtlichen Belang ist die Frage, ob die Testierfreiheit auch ein Recht des Erblassers auf Geheimhaltung seines letzten Willens bis zum Erbfall enthält.[42]

Die Testierfreiheit unterliegt allerdings nur in ihrem Kernbereich dem absoluten verfassungsrechtlichen Schutz. Dem Gesetzgeber steht es frei, ihren zivilrechtlichen Inhalt im Hinblick auf Schutz und Schranken der Testierfreiheit zu bestimmen.[43]

2. Testierfreiheit als Ausfluss des allgemeinen Persönlichkeitsrechts

Wurde die Testierfreiheit noch in den fünfziger Jahren ironisch überspitzt als *„das hohe Lied der subjektiven Unsterblichkeit des individuellen Willens“*[44] charakterisiert, was eine Einordnung ihrer Ausübung als Betätigung persönlicher Freiheit im Rahmen einer Auseinandersetzung mit der eigenen Sterblichkeit nahe legen würde, besteht heute Uneinigkeit darüber, ob die Testierfreiheit nur von der oben dargestellten Erbrechtsgarantie des Art.14 I GG erfasst ist, oder das Errichten letztwilliger Verfügungen auch bzw. ausschließlich in den Schutzbereich des. Art 2 I GG fällt.

Ein Nebeneinander von Art.14 I GG und Art. 2 I GG wird teilweise ohne nähere Begründung bejaht.[45]

Goebel ordnet die Testierfreiheit im Rahmen des Versuchs einer theoretischen Neubegründung ausschließlich dem Schutzbereich des Art. 2 I GG zu. Die Testierfreiheit erlaube es dem Erblasser, sich mit seiner eigenen Sterblichkeit auseinander zu setzen und seiner Individualität und Persönlichkeit Ausdruck zu

---

41 OLG VertrÄndrÄndG vom 23.07.2002, BGBl. I. S. 2850.

42 Vgl. zu dieser Frage BVerfG, Beschluss vom 02.02.1994 – 1 BvR 1245/89, NJW 94, 2535 ff.

43 *Depenheuer*, in: v.Mangoldt/ Klein/ Starck, GG, I, (2004) Art. 14, Rn. 516; *Wieland*, in: Dreier, GG, Band I, (1996), Art. 14, Rn. 59.

44 *Boehmer*, in: Staudinger BGB, 10 Aufl. (1954) Band V, 1. Teil Einleitung § 14 Rn. 10.

45 *Harder/ Kroppenberg*, Erbrecht, 5.Aufl. (2002) § 2 Rn. 7; *Belling*, Einführung in das Recht der gewillkürten Erbfolge, Jura 86 S. 625, 625; *Leipold*, in: MüKo, 4. Aufl. (2004), Band 9, Einleitung Rn. 25.

verleihen. Das Verständnis der Testierfreiheit als Persönlichkeitsrecht läge dem Erbrecht daher als ein bisher verborgen gebliebenes Prinzip zugrunde. Nur so sei beispielsweise der Grundsatz der Höchstpersönlichkeit letztwilliger Verfügungen zu erklären. Ein Verständnis der Testierfreiheit als Verlängerung der Eigentümerbefugnisse über den Tod hinaus würde es nämlich viel eher nahe legen, dass der Erblasser, wie ein Eigentümer, auch Dritte zu Verfügungen (von Todes wegen) ermächtigen kann. Dies sei ihm aber anerkanntermaßen nicht möglich.[46]

Zwar wird auch von den Vertretern der Gegenmeinung, die die Testierfreiheit ausschließlich Art. 14 GG zuordnen, durchaus der Zweck der Testierfreiheit in der Erstreckung der Verfügungsfreiheit des Eigentümers auf die Frage der Vermögensnachfolge gesehen. Daraus folgern auch sie, dass die Errichtung einer Verfügung von Todes wegen Ausdruck der Verwirklichung der persönlichen Freiheit des Erblassers sei. Wegen der dominierenden vermögensrechtlichen Komponente der Testierfreiheit sei sie aber nicht als echtes Persönlichkeitsrecht des Erblassers anzusehen.[47] Art.14 I GG gehe insofern als spezielleres Grundrecht Art.2 I GG vor.

Welcher Auffassung bei dieser Streitfrage der Vorzug zu geben ist, kann für die vorliegende Arbeit letztendlich offen bleiben. Vieles spricht jedoch dafür, ein Nebeneinander der Schutzbereiche anzunehmen, um fundamentale erbrechtliche Grundsätze, wie den der Höchstpersönlichkeit, besser erklären zu können, als dies durch die Annahme einer reinen, fortwirkenden Eigentümerbefugnis geschehen kann. [48]

III. Zivilrechtliche Ausprägung der Testierfreiheit

1. Inhalt der Testierfreiheit

a) Sinn, Zweck und innere Rechtfertigung

Testierfreiheit und gesetzliche Erbfolge stehen sich nur scheinbar als privatautonom angeordnete Vermögensnachfolge im Gegensatz zur zwingenden, gesetzlichen Regelung konträr gegenüber. Vielmehr ergänzen sie einander im Hinblick auf ein gemeinsames Ziel, nämlich die gerechte Verteilung des Nachlasses. Zur Erreichung dieses Ziels geben die Regelungen der gesetzlichen Erbfolge einen generellen, allgemeingültigen Standard von dem vor, was die Rechtsordnung als

---

46 *Goebel,* Testierfreiheit als Persönlichkeitsrecht, (2004), S. 1 ff., S. 284 ff.

47 *Starck,* in: v.Mangoldt/ Klein/ Starck, GG, I, Art. 2 Rn. 81.

48 so wohl auch *Meincke*, Souveräne Erbrechts-Kommentierung, DStR 82, 231, 232.

gerecht und sinnvoll ansieht. Durch die Einräumung der Testierfreiheit wird es dem Erblasser hingegen ermöglicht, die besonderen Umstände des Einzelfalls zu berücksichtigen. Als Sachnächster kann nur der Erblasser selbst die Einzelheiten und Besonderheiten der individuellen Lebenssituation überblicken. Das BGB setzt somit auf den Gerechtigkeitssinn des Erblassers und traut ihm zu, eine angemessene und gerechte Lösung zu finden. Dem liegt die Annahme zugrunde, dass die privatautonome Regelung der Vermögensnachfolge regelmäßig zu einem angemessenen Ergebnis führt. Die innere Rechtfertigung der Testierfreiheit und ihre überragende Bedeutung innerhalb der erbrechtlichen Vorschriften ist gerade in diesem Grundgedanken zu sehen.[49] Insbesondere kann die Ausübung der Testierfreiheit zur sach- und interessengerechten Nachlassverteilung, die auch den Belangen der Familie als solcher gerecht wird, dadurch beitragen, dass sie einer Zersplitterung des Nachlasses Vorschub leistet, wie sie beim Eintritt der gesetzlichen Erbfolge zumindest dann eintritt, wenn sich die Erben, beispielsweise bei einer Betriebsfortführung, im Rahmen der Erbauseinandersetzung nicht einig sind.[50]

In der Einräumung der Testierfreiheit kommt daher auch der staatsrechtliche Grundsatz der Subsidiarität staatlichen Handelns zum Ausdruck.[51] Nur wo eine private Willensentäußerung nicht rechtswirksam vorliegt, soll auf die Regeln der gesetzlichen Erbfolge zurückgegriffen werden, um eine angemessene Vermögensverteilung zu erreichen. Liegt eine solche Willensentäußerung vor, gilt dabei auch im Erbrecht das Grundprinzip jeglicher privatautonomer Regelung: „*Stat pro ratione voluntas*"[52] (etwa: „Zur Begründung genügt der Wille"). In diesem Ausspruch, der auf den römischen Satirendichter Juvenal zurückgeht[53], wird der Grundgedanke deutlich, dass die Rechtsordnung grundsätzlich den Parteiwillen

---

49 *Leipold*, MüKo, 4.Aufl. (2004) Band 9, Einleitung Rn. 15 ff.

50 *Boehmer*, in: Staudinger BGB, 10 Aufl. (1954) Band V, 1. Teil Einleitung § 14 Rn. 12 zu den den Gedanken der Familienerbfolge gerade wahrenden Auswirkungen der Testierfreiheit.

51 *Belling*, Jura 86 S. 625, 625.

52 *Belling*, Jura 86 S. 625, 625.

53 *Juvenal*, Satiren VI, Zeile 223. Der Ausspruch steht im Originaltext allerdings in einem gänzlich anderen Kontext: Juvenal prangert in seiner Satire das Verhalten einer Ehefrau an, die einen Sklaven, den sie eines Vergehens beschuldigt, hinrichten lassen will, ohne ihm die Möglichkeit einer Verteidigung zu gewähren, während ihr Ehemann sie von ihrem Vorhaben abzubringen versucht. Der Ausspruch lautet vollständig: „*hoc volo, sic iubeo, sit pro ratione voluntas*" („Dies will ich, so befehle ich es, als Begründung möge mein Wille genügen.") und gibt die Antwort der Ehefrau auf die Argumente des Ehemanns wieder. Der Ausspruch beschreibt also ursprünglich ein uneinsichtiges, starrköpfiges Verhalten eines Einzelnen. Seine Geeignetheit zum Ausdruck des Vorrangs des Parteiwillens vor gesetzlicher Regelung erscheint daher fraglich.

bzw. im erbrechtlichen Kontext den Willen des Erblassers zu akzeptieren hat und ihm Vorrang gegenüber gesetzlicher Regelung einräumen muss.

b) Inhaltliche Ausprägungen der Testierfreiheit innerhalb des BGB

Die Testierfreiheit ist im BGB erst seit dem Schuldrechtsmodernisierungsgesetz[54] in der amtlichen Überschrift des § 2302 BGB ausdrücklich erwähnt. Im Übrigen wird sie schon immer in den erbrechtlichen Vorschriften als bestehend vorausgesetzt.[55]

Speziell erbrechtliche Ausprägungen der Testierfreiheit sind u.a.:[56]

- § 1937, 1941 BGB – das Recht, durch einseitige Verfügung von Todes wegen (Testament, letztwillige Verfügung) bzw. durch Erbvertrag den (oder die) Erben zu bestimmen
- § 1938 BGB – das Recht, gesetzliche Erben von der Erbfolge auszuschließen
- § 1939 BGB – das Recht, Vermögensvorteile (Vermächtnisse) zuzuwenden
- § 1940 BGB – das Recht, den Erben oder Vermächtnisnehmer mit einer Auflage zu belasten
- § 2044 BGB – das Recht, die Auseinandersetzung unter Miterben in Ansehung des Nachlasses oder einzelner Nachlassgegenstände ganz oder teilweise auszuschließen
- § 2048 BGB – das Recht, für die Auseinandersetzung unter Miterben bestimmte Anordnungen zu treffen (Teilungsanordnungen)
- § 2197 BGB – das Recht, einen Testamentsvollstrecker einzusetzen
- § 2301 BGB – das Recht, Schenkungen von Todes wegen vorzunehmen
- § 2333 ff. BGB – das Recht, unter bestimmten Voraussetzungen auch den Pflichtteil zu entziehen oder zu beschränken

Auch im übrigen BGB finden sich zahlreiche Regelungen, die Ausdruck der Testierfreiheit des Erblassers darstellen, wie z.B. das Recht, durch Verfügung von Todes wegen eine Stiftung zu errichten (§ 83 BGB) oder der Vertrag zugunsten Dritter auf den Todesfall (§ 330, 331). Daneben existieren noch zahlreiche familienrechtliche Normen, deren innere Rechtfertigung aus der Testierfreiheit des Erblassers resultiert, wie beispielsweise das Recht des Erblassers, das einem minderjährigen Enkel hinterlassene Vermögen nicht unter die Vermögensver-

---

54 Gesetz zur Modernisierung des Schuldrechts vom 26. November 2001, BGBl. I (2001) S. 3138 ff.

55 *Belling*, Jura 86 S. 625, 625; *Leipold*, Erbrecht, 16. Aufl. (2006) Rn. 233 (Autor übersieht aber die mittlerweile vorhandene ausdrückliche Erwähnung).

56 Vgl. Ausführliche Übersicht bei *Harder/ Kroppenberg*, Erbrecht, 5.Aufl. (2002) § 2 Rn. 10.

waltung der Eltern oder eines Vormunds fallen zu lassen (§ 1638 I, III, 1803, 1909 I).[57]

2. *Schutz der Testierfreiheit*

a) Verbot der lebzeitigen vertraglichen Beschränkung: § 2302 BGB

Gem. § 2302 BGB kann eine lebzeitige vertragliche Verpflichtung, eine Verfügung von Todes zu errichten oder nicht zu errichten bzw. eine solche aufzuheben oder nicht aufzuheben, nicht rechtswirksam begründet werden. § 2302 BGB ordnet diesbezüglich die Nichtigkeit des Vertrags *ipso iure* an, ohne dass es insoweit eines Rückgriffs auf § 134 BGB bedarf.[58] Vom Verbot der vertraglichen Beschränkung der Testierfreiheit nach § 2302 BGB besteht nur in den Fällen des Erbvertrags eine gesetzliche Ausnahme.

Nichtig ist eine Verpflichtung auch dann, wenn sie lediglich einseitig bestehen soll[59] oder wenn die übernommene Verpflichtung zwar nicht dahingeht, eine Verfügung von Todes wegen (überhaupt) zu errichten, sondern lediglich vorsieht, ihr im Falle der Errichtung einen bestimmten Inhalt zu geben oder nicht zu geben.[60] Der Erblasser kann sich seiner Testierfreiheit auch nicht derart selbst benehmen, dass er in einem Erbvertrag auf sein von Gesetzes wegen bestehendes Aufhebungs- (§§ 2290 - 2292 BGB) oder sein gesetzliches Rücktrittsrecht (§§ 2294, 2295 BGB) verzichtet.[61]

Dem Erblasser ist es nach § 2302 BGB gleichsam verwehrt, die Testierfreiheit der von ihm bedachten Erben durch letztwillige Verfügung zu begrenzen. Daher ist eine Auflage, wonach der Erbe eine Verfügung von Todes wegen mit einem bestimmten Inhalt zu errichten hat, nichtig.[62] Zu beachten ist allerdings, dass es dem Erblasser gleichwohl gestattet ist, die Erbeinsetzung von der Bedingung abhängig zu machen, dass der Bedachte zugunsten eines Dritten letztwillig

---

57 Vgl. Ausführliche Übersicht bei *Harder/ Kroppenberg,* Erbrecht, 5.Aufl. (2002) § 2 Rn. 10.

58 a.A. OLG Hamm, Beschluss vom 17. 10. 1973 – 15 W 285/72, NJW 74, 61.

59 BayObLG, Beschluss vom 5. 12. 2000 – 1Z BR 115/00, ZEV 01, 193.

60 *Musielak*, in: MüKo, 4. Aufl. (2004), Band 9, § 2302 Rn. 2; *Edenhofer*, in: Palandt, 67. Aufl. (2008) § 2302 Rn. 1.

61 *Musielak*, in: MüKo, 4. Aufl. (2004), Band 9, § 2302 Rn. 2; *Edenhofer*, in: Palandt, 67. Aufl. (2008) § 2302 Rn. 1.

62 OLG Hamm, Beschluss vom 17. 10. 1973 – 15 W 285/72, NJW 74, 60: Eine solche nichtige Auflage kann allerdings umgedeutet werden in die Anordnung von Vor- und Nacherbschaft.

verfügt. Diese sog. kaptatorische Verfügung[63] stellt nach Ansicht des BGH keinen Verstoß gegen § 2302 BGB dar, da es in einem solchen Fall im freien Ermessen des Begünstigten stehe, das Zugewandte auszuschlagen und eine Rechtspflicht zur Befolgung des Erblasserwillens gerade nicht bestehe.[64] Die unterschiedliche Behandlung von Auflage und Bedingung trotz vergleichbarem Inhalt erklärt sich also dadurch, dass zwar weder bei der Auflage noch bei der Bedingung ein Forderungsrecht des zu bedenkenden Dritten besteht, dass aber gem. § 2194 BGB die Vollziehung der Auflage von bestimmten Personen verlangt werden kann, während bei einer Bedingung niemandem ein Recht zusteht, deren Eintritt zu fordern. Der Entscheidungsspielraum des Erben ist durch die Auflage also eingeschränkt, durch die Bedingung jedoch nicht. Die Bedingung schränkt lediglich das Zugewandte ein, nicht aber die Testierfreiheit des Bedachten.[65]

b) Grundsätzlich jederzeitige Widerrufsmöglichkeit von Testamenten

Das BGB enthält in § 2253 ff. BGB zum Zwecke des Schutzes der Testierfreiheit[66] umfassende Möglichkeiten, Testamente teilweise oder insgesamt jederzeit zu widerrufen. Der Erblasser ist nur ausnahmsweise, z.B. im Rahmen von Erbverträgen und gemeinschaftlichen Testamenten von Ehegatten/Lebenspartnern, an seine letztwillige Verfügung gebunden.[67] Das Recht zum jederzeitigen Widerruf liegt im Wesen des Testaments als Verfügung im Rechtssinne[68], die erst mit dem Tode wirksam wird.[69] Dieses Recht ist wegen § 2302 BGB unverzichtbar.[70]

---

63 Vgl. statt vieler *Edenhofer*, in: Palandt, 67. Aufl. (2008) § 2074 Rn. 5.

64 BGH, Urteil vom 9. 2. 1977 – IV ZR 201/75, NJW 77, 950.

65 BGH, Urteil vom 9. 2. 1977 – IV ZR 201/75, NJW 77, 950; *Musielak*, in: MüKo, 4. Aufl. (2004), Band 9, § 2302 Rn. 3.

66 *Hagena*, in: MüKo, 4. Aufl. (2004), Band 9, § 2253 Rn. 1.

67 Vgl. dazu unten B. III. 3. f).

68 Vgl. zum Verfügungsbegriff: *Battes*, Der erbrechtliche Verpflichtungsvertrag im System des Deutschen Zivilrechts – Ziele, Dogmatik und praktische Auswirkungen des § 2302 BGB, AcP 178, S. 337, 342 m.w.N. Die letztwillige Verfügung führe zwar nicht zu einem sofortigen Rechtsübergang, könne aber gleichwohl als Verfügung im Rechtssinne angesehen werden, da sich der Rechtserwerb im Zeitpunkt des Todes des Erblassers jedenfalls ohne Zutun des Erben oder von Dritten und damit unmittelbar vollziehe und auch dingliche Wirkung entfalte.

69 Vgl. statt vieler *Edenhofer*, in: Palandt, 67. Aufl. (2008) § 2253 Rn. 1.

70 BGH, Urteil vom 6. 5. 1959 – V ZR 97/58, FamRZ 60, 28, 30 zur Frage der vertraglichen Begründung einer Pflicht zum Widerruf; *Hagena*, in: MüKo, 4. Aufl. (2004), Band 9, § 2253 Rn. 1; *Baumann*, in: Staudinger, 13. Aufl. (Neubearbeitung 2003) § 2253 Rn. 6.

c) Höchstpersönlichkeit

Letztwillige Verfügungen kann der Erblasser gem. § 2064 BGB nur höchstpersönlich errichten. Stellvertretung, sowohl rechtsgeschäftlicher als auch gesetzlicher Natur, ist ausgeschlossen.[71] Gem. § 2065 I BGB kann der Erblasser eine letztwillige Verfügung nicht in der Weise treffen, dass ein anderer zu bestimmen hat, ob sie gelten soll oder nicht; § 2065 II BGB schreibt vor, dass der Erblasser die Bestimmung der Person, die eine Zuwendung erhalten soll, sowie die Bestimmung des Gegenstands der Zuwendung, nicht einem anderen überlassen darf. Die Anordnungen des Erblassers sollen in ihren wesentlichen Teilen unmittelbar seinem eigenen Entschluss entspringen und von seinem Willen inhaltlich getragen sein. Durch dieses Erfordernis soll die Testierfreiheit des Erblassers gewahrt werden, welche ihm im vom Gesetzgeber im Vertrauen auf sachgemäße Ausübung gewährt wurde. Dieser Aufgabe und Verantwortung soll er sich nicht durch Einschaltung Dritter entziehen können.[72] Aus diesem Grund stellt das Prinzip der Höchstpersönlichkeit auch keine Beschränkung der Testierfreiheit dar, sondern entspringt aus der Natur der Testierfreiheit selbst. Das Gesetz verleiht dem Einzelnen die Möglichkeit, den Rechtsnachfolger auszuwählen, der ihm selbst am geeignetsten erscheint. Daraus folgt aber auch, dass nur der Erblasser als Adressat der eingeräumten Freiheit selbst diese eingeräumte Möglichkeit nutzen kann.[73] Das Potestativbedingungen mit diesem Grundsatz zu vereinbaren sind, wurde bereits eingangs erörtert.[74]

Soweit unwesentliche Teile der letztwilligen Verfügung betroffen sind, ist der Grundsatz der Höchstpersönlichkeit durchbrochen: der Erblasser kann Dritten im Rahmen von Vermächtnisanordnungen (§§ 2151 – 2156 BGB), Auflagen (§ 2193 I BGB) oder bei Testamentsvollstreckung (§§ 2198, 2200 BGB) gewisse Entscheidungsbefugnisse einräumen, z.B. kann er es dem durch das Vermächtnis Beschwerten überlassen, welchem schon vom Erblasser bestimmten Vermächtnisnehmer ein Nachlassgegenstand zufallen soll (§ 2151 I BGB), ebenso es einem Dritten überlassen, die Person des durch eine Auflage Begünstigten zu bestimmen, oder es einem Dritten überlassen, die Person des Testamentsvollstreckers zu benennen (§ 2198 I S.1 BGB).

---

71 *Edenhofer*, in: Palandt, 67. Aufl. (2008) § 2064 Rn. 1.

72 BGH, Urteil vom 18. 11. 1954 – IV ZR 152/54, NJW 55, 100, 100; *Leipold*, in: MüKo, 4. Aufl. (2004), Band 9, § 2064 Rn. 1.

73 *Harder/ Kroppenberg*, Erbrecht, 5.Aufl. (2002) § 6 Rn. 139.

74 Vgl. oben A.

d) Anfechtungsmöglichkeit auch bei Motivirrtümern des Erblassers

Zwar schützen die Vorschriften über die Anfechtung letztwilliger Verfügungen primär die Interessen der Anfechtungsberechtigten vor einer fehlerhaften Erklärung des Erblassers,[75] mittelbar besteht allerdings auch ein Schutz des Erblasserwillens und somit der Testierfreiheit vor Irrtümern aller Art und Einwirkungen auf die Entscheidungsfreiheit durch Täuschung oder Drohung.[76] Letztwilligen Verfügungen, die nicht dem Willen des Erblassers entsprechen, soll nicht zu Erfolg verholfen werden. Abweichend von den Anfechtungsregeln des allgemeinen Teils des BGB berechtigt im Rahmen der Anfechtung einer letztwilligen Verfügung nach § 2078 II BGB auch ein reiner Motivirrtum zur Anfechtung. Der Grund für die Erweiterung der Anfechtungsgründe auf Motivirrtümer ist zum einen darin zu sehen, dass der Erblasserwille stärkerem Schutz unterstellt werden soll, zum anderen darin, dass ein schützenswertes Interesse der ursprünglich vom Erblasser Bedachten auf den Bestand oder den Inhalt einer letztwilligen Verfügung nicht besteht.[77]

e) Vorschriften über Erbunwürdigkeit

Auch die Vorschriften der §§ 2339 ff. BGB über die Erbunwürdigkeit sind insoweit als Ausdruck und Schutz der Testierfreiheit zu sehen, als sie die ungefährdete Ausübung des Erblasserwillens und damit letztlich auch die Testierfreiheit sicher stellen.[78]

3. Schranken der Testierfreiheit

Trotz des vorgenannten umfassenden Schutzes der Testierfreiheit ist sie gleichwohl nicht schrankenlos gewährleistet. Schranken ergeben sich unter anderem insbesondere aus dem Grundsatz des Familienerbrechts (Pflichtteilsrecht) sowie den Vorschriften des allgemeinen Teils über die Rechtsfolgen von Verstößen gegen gesetzliche Verbote oder die guten Sitten.

---

75 *Loritz*, in: Soergel, 13. Aufl. (2002) § 2078 Rn. 1.

76 *Leipold*, in: MüKo, 4. Aufl. (2004), Band 9, § 2064 Rn. 3, 6.

77 *Otte*, in: Staudinger, 13. Aufl. (Neubearbeitung 2003) § 2078 Rn. 5; *Leipold*, in: MüKo, 4. Aufl. (2004), Band 9, § 2078 Rn. 6.

78 Vgl. *Michalski*, Erbrecht, 3. Aufl. (2006) Rn. 187.

a) Pflichtteilsrecht

„Das Pflichtteilsrecht ist der, wenn auch oft unvollkommene und zu materialistisch-kapitalistischen Formen entartete, Ausdruck des gegen die Testierwillkür des Erblassers geschützten unantastbaren Familienerbrechts.“[79]

Diese zynisch anmutende Charakterisierung beschreibt im Grunde zutreffend das Wesen des Pflichtteilsrechts. Das Pflichtteilsrecht ist Ausdruck des Grundsatzes der Familienerbfolge. In ihm wird das Spannungsverhältnis zwischen den beiden erbrechtlichen Grundsätzen der Testierfreiheit und der Familienerbfolge gelöst.[80] Das Pflichtteilsrecht der §§ 2303 ff. BGB sichert den nächsten Angehörigen, d.h. Abkömmlingen, Eltern und Ehegatten/Lebenspartnern (§ 10 VI LPartG), auch dann eine Beteiligung am Nachlass, wenn der Erblasser diese Personen durch Verfügung von Todes wegen von der Erbfolge gänzlich ausgeschlossen hat. Die Beteiligung wird jedoch nicht im Sinne einer dinglichen Beteiligung an der Erbschaft gewährt, der Pflichtteilsberechtigte wird also nicht zum Zwangsmiterben.[81] Es steht ihm lediglich ein gegen den/ die Erben gerichteter schuldrechtlicher Anspruch zu, der dem Wert nach der Hälfte des gesetzlichen Erbteils des Pflichtteilsberechtigten entspricht. Dem Grundsatz der Testierfreiheit ist also durch das Pflichtteilsrecht eine Grenze gesetzt. Der Erblasser kann sein Vermögen zwar nach seinem Ermessen verteilen, ein gänzlicher Ausschluss der pflichtteilsberechtigten Personen vom Nachlass ist ihm jedoch im Regelfall nicht möglich. Der Pflichtteil kann nur in den Fällen der §§ 2333-2335 BGB durch letztwillige Verfügung entzogen werden, in welchen der Pflichtteilsberechtigte besonders schwere Verfehlungen gegen den Erblasser begangen hat. Die geplante Reform der Pflichtteilsrechts wird allerdings zu einer Erweiterung der Pflichtteilsrechtsentziehungsgründe und damit zu einer Erleichterung der Pflichtteilsentziehung führen.[82]

Das Pflichtteilsrecht und seine verfassungsrechtliche bzw. rechtspolitische Rechtfertigung wurden zuletzt kritisiert. Das BVerfG hatte im Jahre 2000 noch ausdrücklich offen gelassen, *„ob es von Verfassungs wegen geboten ist, nahen Familienangehörigen auch gegen den Willen des Erblassers eine Mindestbeteiligung am Nachlass einzuräumen.*“[83]

---

79 *Boehmer*, in: Staudinger BGB, 10. Aufl. (1954) Band V, 1. Teil Einleitung § 13 Rn. 2.

80 *Leipold*, Erbrecht, 16. Aufl. (2006) Rn. 72.

81 *Leipold*, in: MüKo, 4. Aufl. (2004), Band 9, § 2229 Rn. 2.

82 vgl. dazu Referentenentwurf Pflichtteilsrecht, online: Bundesministerium der Justiz http://www.bmj.bund.de/files/-/2049/GesetzE%20Pflichtteilsrecht.pdf, (Datum des Zugriffs: 01.12.2007).

83 BVerfG, Beschluss vom 30.08.2000, 1 BvR 2464/97, NJW 01, 141, 142.

Unter anderem im Anschluss an vorgenannte Entscheidung wurde kontrovers diskutiert: Die bestehende Rechtslage sei „*autoritär, unflexibel und mittelstandsfeindlich.*“[84] Die Anspruchsberechtigten hätten in der Regel zur Entstehung des Vermögens nichts beigetragen. Infolge gestiegener Lebenserwartung sei überdies die sachliche Rechtfertigung des Pflichtteilsrechts in seiner aktuellen Ausgestaltung auch unter Versorgungsgesichtspunkten entfallen. Der Erbfall trete regelmäßig in einer Phase des Lebens der Berechtigten ein, in denen sie selbst eine wirtschaftliche Existenz bereits aufgebaut hätten und daher einer Nachlassbeteiligung nicht mehr bedürften. Selbst wenn man davon ausginge, das Pflichtteilsrecht solle gerade die Bedürfnisdeckung ermöglichen, bliebe zu bedenken, dass es gleichzeitig dem Erblasser die Chance nehme, seine letztwillige Verfügung am Kriterium der Bedürftigkeit auszurichten, indem es allen Abkömmlingen unabhängig von deren Bedarfssituation eine gleiche Teilhabe am Nachlass ermögliche. Dies sei insbesondere in den Fällen, in denen nur einer von mehreren Pflichtteilsberechtigten tatsächlich bedürftig ist, unangemessen.[85]

In einer Entscheidung aus dem Jahre 2005 stellte das BVerfG dagegen fest, dass die „*grundsätzlich unentziehbare und bedarfsunabhängige wirtschaftliche Mindestbeteiligung der Kinder des Erblassers an dessen Nachlass [...] durch die Erbrechtsgarantie des Art. 14 Abs. 1 Satz 1 in Verbindung mit Art. 6 Abs. 1 GG gewährleistet*“ wird.[86] Die spezifischen Merkmale des Pflichtteilsrechts seien „*als tradierte Kernelemente des deutschen Erbrechts neben der Testierfreiheit und dem Erwerbsrecht des Erben Bestandteil des institutionell verbürgten Gehalts der Erbrechtsgarantie des Art. 14 Abs. 1 Satz 1 GG.*“ Mit der Hervorhebung des Erbrechts neben dem Eigentumsschutz in Art. 14 I. S.1 GG bringe das Grundgesetz zum Ausdruck, dass die Erbrechtsgarantie eine selbständige, über die Einräumung der Testierfreiheit hinausgehende Relevanz besitze, da die Freiheit des Erblassers, sein Vermögen durch letztwillige Verfügung weiterzugeben, bereits als Ausdruck der Eigentumsfreiheit angesehen werden könne. Die Anerkennung einer Mindestbeteiligung am Nachlass entspreche deutscher Rechtstradition, da sämtliche der vor dem In-Kraft-Treten des Bürgerlichen Gesetzbuches in Deutschland geltenden Partikularrechtsordnungen, wenn auch in unterschiedlicher Ausgestaltung, eine zwingende Beteiligung der Kinder des Erblassers am Nachlass gekannt hätten. Im übrigen sei man bei der Schaffung der Regelungen des BGB davon ausgegangen, dass eine Rechtspflicht des Erblassers bestehe, die ihm eingeräumte Testierfreiheit nicht zu missbrauchen. Dieser Verhaltenspflicht

84 *Dauner-Lieb,* Bedarf es einer Reform des Pflichtteilsrechts?, DNotZ 01, 460, 462.
85 *Dauner-Lieb,* DNotZ 01, 460, 462, 463.
86 BVerfG, Beschluss vom 19.04.2005 – 1 BvR 1644/00 und 1 BvR 188/03, NJW 05, 1561, 1562.

sei spiegelbildlich das Pflichtteilsrecht gegenübergestellt worden. Das bestehende Pflichtteilsrecht sei Ausdruck einer grundsätzlich unauflösbaren Familiensolidarität, die zwischen dem Erblasser und seinen Kindern bestehe und von Art. 6 I GG geschützt werde. Diese berechtige die Familienangehörigen nicht nur, sondern verpflichte sie auch, füreinander sowohl materiell als auch persönlich Verantwortung zu übernehmen. Das Pflichtteilsrecht knüpfe wie das Unterhaltsrecht an diese familienrechtlichen Beziehungen zwischen dem Erblasser und seinen Kindern an. Die Testierfreiheit des Erblassers unterliege daher von Verfassungs wegen durch das Pflichtteilsrecht grundsätzlich auch den durch die Abstammung begründeten familienrechtlichen Bindungen. Gleichzeitig wird dem Gesetzgeber aber ein weiter Ermessensspielraum zugebilligt, innerhalb dessen er die grundgesetzlich garantierte Mindestteilhabe realisieren kann.

Nach der Entscheidung des BVerfG ist allerdings weiterhin offen, inwieweit auch das Pflichtteilsrecht des Ehegattens/Lebenspartners oder der Eltern des Erblassers verfassungsrechtlichen Schutz genießt.[87]

b) Abschlussfreiheit und Gestaltungsfreiheit?

Es entspricht allgemeinem Verständnis, dass die Testierfreiheit des BGB dem Erblasser die Möglichkeit eröffnet, eine von der gesetzlichen Erbfolge abweichende Verteilung des Nachlasses anzuordnen. Diese Rechtsposition des Erblassers ist in etwa der lebzeitigen Abschlussfreiheit des Einzelnen im Rahmen seiner Privatautonomie vergleichbar.

Uneinigkeit besteht dagegen bei der Frage, ob der Erblasser in der Ausübung seiner Testierfreiheit inhaltlich auf die Verteilung von Vermögen begrenzt ist oder ob ihm zumindest im Hinblick auf den Inhalt der letztwilligen Verfügung Befugnisse zustehen, die weitestgehend denen der lebzeitigen Vertragsfreiheit entsprechen. Im Kern geht es dabei um die Frage, ob dem Erblasser sog. verhaltensbezogene Verfügungen möglich sind oder nicht, sprich, ob er solche Anordnungen treffen kann, die über eine bloße Verteilung des Nachlasses hinausgehen und gegebenenfalls die von der Verfügung Betroffenen in ihrer Lebensführung beeinträchtigen.

Nach der hier vertretenen Auffassung ist der Erblasser bei der Errichtung von Verfügungen von Todes wegen nicht auf vermögensrelevante Anordnungen beschränkt.[88]

---

87 Vgl. *Birkenheier,* in: jurisPK-BGB, 3. Aufl. (2006) § 2303 BGB Rn. 6 m.w.N.

88 Wegen der Relevanz dieser Unterscheidung für die vorliegende Untersuchung wird dieser Frage ausführlich erst unten unter C. II und D nachgegangen.

c) Testierfähigkeit

Nur eine testierfähige natürliche Person kann ein Testament errichten, es ändern oder aufheben. Testierfähigkeit stellt sich als eine besondere Art der Geschäftsfähigkeit im Testamentsrecht dar[89] und bedeutet also die Fähigkeit, ein Testament zu errichten, zu ändern oder aufzuheben.[90] In § 2229 BGB ist die Testierfähigkeit negativ definiert. Danach liegt Testierunfähigkeit bei Personen vor, die das sechszehnte Lebensjahr nicht vollendet haben oder die wegen krankhafter Störung der Geistestätigkeit, wegen Geistesschwäche oder wegen Bewusstseinsstörung nicht in der Lage sind, die Bedeutung einer von ihnen abgegebenen Willenserklärung einzusehen und nach dieser Einsicht zu handeln. Die Testierfähigkeit beinhaltet die Kompetenz, sich eine konkrete Vorstellung seines letzten Willens bilden zu können und sich über die Tragweite und Auswirkungen der Anordnung auf die persönlichen und wirtschaftlichen Verhältnisse der Bedachten im Klaren sein zu können.[91]

Die Beschränkung der Gewährleistung der Testierfreiheit auf testierfähige Personen lässt sich ebenfalls aus Sinn und Zweck der mit der Gewährung der Testierfreiheit verfolgten Ziele herleiten. Wenn das Gesetz auf eine sach- und interessengerechte Regelung der Rechtsnachfolge durch den Erblasser setzt, dann ist diese Freiheit nur denjenigen zu gewähren, die sie auch in diesem Sinne auszuüben vermögen. Inwieweit die gesetzliche Ausgestaltung der Testierfähigkeit allerdings im Hinblick auf die vorgegebenen Altersgrenzen für Geschäftsfähigkeit (18 Jahre gem. § 106 BGB) und Testierfreiheit (16 Jahre gem. § 2229 I BGB) sinnvoll ist, erscheint mehr als zweifelhaft.[92] Eine 16 Jahre alte Person wird vom Gesetz als kompetent genug eingeschätzt, die eigene Rechtsnachfolge sach- und interessengerecht regeln zu können und sich über Tragweite und Auswirkungen der Anordnung auf die persönlichen und wirtschaftlichen Verhältnisse der Betroffenen im Klaren zu sein. Ihr steht, mit Ausnahme des Erbvertrags (§ 2275 I BGB), das komplette Spektrum erbrechtlicher Gestaltungsmöglichkeiten zur Verfügung. Sie kann Erben einsetzen, Vermächtnisse anordnen, Teilungsanordnungen aussprechen etc. Derselben Person ist aber die Eingehung eines möglicherweise wirtschaftlich lukrativen, aber rechtlich nachteiligen Geschäfts gem. § 107 BGB nur mit Einwilligung der gesetzlichen Vertreter möglich. Bei bestimmten Rechtsgeschäften, z.B. bei Geschäften zwischen den gesetzlichen

89 *Leipold*, in: MüKo, 4. Aufl. (2004), Band 9, § 2229 Rn. 2.
90 *Edenhofer*, in: Palandt, 67. Aufl. (2008) § 2229 Rn. 1.
91 *Baumann,* in: Staudinger, 13. Aufl. (Neubearbeitung 2003) § 2229 Rn. 11; *Hagena*, in: MüKo, 4. Aufl. (2004), Band 9, § 2229 Rn. 2; *Edenhofer,* in: Palandt, 67. Aufl. (2008) § 2229 Rn. 1.
92 Wie hier *Baumann,* in: Staudinger, 13. Aufl. (Neubearbeitung 2003) § 2229 Rn. 13.

Vertretern und dem Minderjährigen, ist gegebenenfalls sogar ein Ergänzungspfleger (§§, 1629 II, 1795 II, 181, 1909 BGB) zu bestellen oder die Genehmigung des Vormundschaftsgerichts (§§ 1821, 1822 BGB) einzuholen.

d) Typenzwang

Typenzwang bedeutet zum einen eine Beschränkung der Testierfreiheit insoweit, als der Erblasser bei der Errichtung seiner letztwilligen Verfügung auf bestimmte, vom Gesetz vorgegebene Typen der letztwilligen Verfügung beschränkt ist, Testament §§ 2064 ff. BGB und Erbvertrag §§ 2274 ff. BGB. Zum anderen ist darunter aber auch zu verstehen, dass der Erblasser von den gesetzlich vorgesehenen Rechtsfolgen nicht beliebig abweichen kann. Eine dingliche Beteiligung an einem einzelnen Nachlassgegenstand, d.h. eine Abweichung vom Grundsatz der Universalsukzession, kann grundsätzlich nicht wirksam vereinbart bzw. angeordnet werden.[93]

e) Zeitliche Grenzen letztwilliger Anordnungen

In zeitlicher Hinsicht ist es dem Erblasser verwehrt, Anordnungen zu treffen, die das vermachte Vermögen und damit die Erben möglicherweise über mehrere Generationen hinweg unbegrenzt binden.[94] Die Frist beträgt grundsätzlich 30 Jahre. Unter bestimmten Umständen kann dieser Zeitraum aber auch überschritten werden. Die Vorschriften dienen zwar vorrangig zum Schutz des Erben, stellen aber gleichzeitig eine Begrenzung der Erblasserbefugnisse im Rahmen der Testierfreiheit dar.

- *§ 2044 II BGB: Zeitliche Begrenzung des Ausschlusses der Auseinandersetzung*

Der Erblasser kann das Recht der Miterben, die Auseinandersetzung zu verlangen, gem. § 2044 I BGB im Hinblick auf den Nachlass insgesamt oder im Hinblick auf einzelne Nachlassgegenstände ausschließen. Eine derartige Verfügung wird gem. § 2044 II BGB grundsätzlich 30 Jahre nach dem Erbfall unwirksam.

---

93 *Belling*, Jura 86, S. 625, 626; zu den Ausnahmen zum Grundsatz der Universalsukzession, beispielsweise im Gesellschaftsrecht vgl. *Edenhofer*, in: Palandt, 67. Aufl. (2008) § 1922 Rn. 8 ff.

94 *Zimmermann*, in: MüKo, 4. Aufl. (2004), Band 9, § 2210 Rn. 1; *Otte*, in: Staudinger, 13. Aufl. (Neubearbeitung 2003) § 2162 Rn. 1.

- *§ 2109 BGB: Zeitliche Begrenzung der Anordnung von Vor- und Nacherbschaft*

Auch die Einsetzung eines Nacherben bleibt gem. § 2109 BGB grundsätzlich nur 30 Jahre bestehen, es sei denn, dass die Nacherbfolge für den Fall angeordnet ist, dass in der Person des Vorerben oder des Nacherben ein bestimmtes Ereignis eintritt, und derjenige, in dessen Person das Ereignis eintreten soll, zur Zeit des Erbfalls lebt, oder wenn dem Vorerben oder einem Nacherben für den Fall, dass ihm ein Bruder oder eine Schwester geboren wird, der Bruder oder die Schwester als Nacherbe bestimmt ist.

- *§§ 2162, 2163 BGB: Zeitliche Begrenzung für aufschiebend bedingt ausgesetzte Vermächtnisse*

Ein Vermächtnis, das unter einer aufschiebenden Bedingung oder unter Bestimmung eines Anfangstermins angeordnet ist, wird gem. § 2162 I BGB mit dem Ablauf von 30 Jahren nach dem Erbfall unwirksam bzw. kann nach Ablauf dieser Frist nicht mehr wirksam werden, wenn nicht vorher die Bedingung oder der Termin eingetreten ist.[95] Auch bei der Begrenzung des 2162 I BGB kommt gem. § 2163 eine Verlängerung der Frist in Betracht.

- *§ 2210 BGB: Zeitliche Begrenzung der Dauertestamentsvollstreckung*

Auch die nach § 2209 BGB mögliche Anordnung der Dauertestamentsvollstreckung unterliegt gem. § 2210 BGB grundsätzlich nur einer dreißigjährigen Frist.

f) Vertragliche Bindung / wechselbezügliche Verfügungen

Der Erblasser ist in seiner Testierfreiheit zulässigerweise eingeschränkt, ohne dass dies einen Verstoß gegen § 2302 BGB darstellt,[96] wenn er sich erbvertraglich oder in einem gemeinschaftlichen Testament gebunden hat. Die Selbstbindung des Erblassers durch gemeinschaftliches Testament oder Erbvertrag ist damit gleichsam Ausdruck und Beschränkung der Testierfreiheit: Hat er sich wirksam gebunden, ist eine inhaltlich abweichende, einseitige Verfügung von Todes wegen unwirksam.

---

95 *Otte*, in: Staudinger, 13. Aufl. (Neubearbeitung 2003) § 2162 Rn. 1.
96 Vgl. dazu oben B. III. 2 a).

(i) Erbvertrag

Vertragsgemäße Verfügungen, d.h. gegebenenfalls Erbeinsetzungen, Vermächtnisse und Auflagen (§ 2278 II BGB),[97] nehmen an der erbvertraglichen Bindungswirkung teil. Dies bedeutet, dass gem. § 2289 I BGB frühere letztwillige Verfügungen, die das Recht des vertragsgemäß Bedachten beeinträchtigen würden, unwirksam sind. In gleichem Maß sind spätere letztwillige Verfügungen unwirksam. Die Bindungswirkung tritt bereits mit Abschluss des Erbvertrags ein.

Die mit § 2289 BGB einhergehende Beschränkung der Testierfreiheit lässt die lebzeitige Verfügungsmacht des Erblassers grundsätzlich unberührt. Er kann also weiterhin über sein Vermögen frei verfügen. Allerdings ist der vertraglich Bedachte insoweit vor einer vorsätzlichen wirtschaftlichen Aushöhlung des Zugewandten durch den Erblasser geschützt, als ihm gem. § 2287 I BGB nach dem Erbfall ein schuldrechtliches Rückforderungsrecht zusteht, falls der Erblasser in der Absicht, den Vertragserben zu beeinträchtigen, Vermögensgegenstände verschenkt. Eine ähnliche Regelung besteht in § 2288 BGB zugunsten des Vermächtnisnehmers, wenn dieser durch das Verhalten des Erblassers absichtlich benachteiligt wird.[98]

Die erbvertragliche Bindungswirkung kann durch einvernehmliche Aufhebung des Erbvertrags durch Vertrag (§ 2290 BGB) oder durch Testament bzw. gemeinschaftliches Testament (§§ 2291, 2292 BGB) beseitigt werden. Die Aufhebung durch Testament gem. § 2291 BGB setzt die Zustimmung der anderen Vertragpartei voraus, welche notarieller Beurkundung bedarf. Haben sich die Parteien jeweils ein Rücktrittsrecht vorbehalten, so kann die Bindung auch durch wirksamen Rücktritt vom Erbvertrag entfallen. Auch eine Beseitigung der Bindungswirkung durch Anfechtung nach §§ 2078, 2079, 2281 ff. BGB ist möglich. Für eine Anfechtung nach den allgemeinen Regeln, §§ 119 ff. BGB, bleibt kein Raum.[99]

(ii) Gemeinschaftliches Testament

In einem gemeinschaftlichen Testament sind die Ehegatten/Lebenspartner (§ 10 IV LPartG i.V.m. § 2265 BGB) nach dem Tod des Erstversterbenden an wechselbezügliche Verfügungen i.S.d. § 2270 BGB gebunden. Wechselbezügliche Verfügungen sind in § 2270 I BGB definiert als Verfügungen, von denen anzunehmen ist, dass die Verfügung des einen nicht ohne die Verfügung des anderen

97 Vgl. dazu *Harder/ Kroppenberg,* Erbrecht, 5.Aufl. (2002) § 6 Rn. 167.
98 *Harder/ Kroppenberg,* Erbrecht, 5.Aufl. (2002) § 6 Rn. 170 – 174.
99 *Edenhofer,* in: Palandt, 67. Aufl. (2008) § 2281 Rn. 2.

getroffen worden wäre. Nach der Auslegungsregel des § 2270 II BGB[100] ist ein solches Verhältnis dann anzunehmen, wenn sich die Ehegatten gegenseitig bedenken oder wenn dem einen Ehegatten von dem anderen eine Zuwendung gemacht und für den Fall des Überlebens des Bedachten eine Verfügung zugunsten einer Person getroffen wird, die mit dem anderen Ehegatten verwandt ist oder ihm sonst nahe steht. Maßgeblich ist stets der Wille der Testierenden zum Zeitpunkt der Testamentserrichtung.[101]

Während zu Lebzeiten beider Ehegatten/Lebenspartner gem. § 2271 I 1 BGB ein einseitiger Widerruf nur in der Form des § 2296 BGB durch notariell beurkundete Erklärung erfolgen kann, erlischt das Recht zum Widerruf gem. § 2271 II 1 BGB mit dem Tod eines Ehegatten. Ab diesem Zeitpunkt tritt die vorstehend beschriebene Bindungswirkung wie bei einem Erbvertrag ein. Eine letztwillige Verfügung, die einer zeitlich früheren wechselbezüglichen Verfügung entgegensteht, ist gem. § 2289 I 2 BGB analog unwirksam, soweit sie Rechte von im gemeinschaftlichen Testament Drittbedachten beeinträchtigt.[102] Wie beim Erbvertrag besteht allerdings die Möglichkeit der Anfechtung gem. §§ 2078 ff. BGB.

(iii) Ausnahme von der Bindungswirkung im Falle des sog. Berliner Testaments mit vereinbarter Wiederverheiratungsklausel

Haben sich die Ehegatten/Lebenspartner gegenseitig als Erben eingesetzt und bestimmt, dass nach dem Tod des Letztlebenden der Nachlass an einen Dritten fallen soll (§ 2269 BGB), so liegt im Falle des gemeinschaftlichen Testaments gem. § 2270 I, II BGB eine wechselbezügliche Verfügung vor, an die der Überlebende nach § 2271 II BGB gebunden ist. Der überlebende Ehegatte kann keine Verfügung von Todes wegen mehr wirksam errichten, die inhaltlich dem gemeinschaftlichen Testament widerspricht. Im Falle einer derartigen Nachfolgeregelung in einem Erbvertrag (vgl. §§ 2280, 2269 BGB) ergibt sich die Bindung bereits aus der Natur des Erbvertrags als bereits mit Vertragsschluss bindende Vereinbarung.

Eine Ausnahme von diesem Grundsatz kommt dann in Betracht, wenn der überlebende Ehegatte sich erneut verheiratet und im gemeinschaftlichen Testament eine sog. Wiederverheiratungsklausel vereinbart war. Die Folgen dieser Klausel hängen davon, ab, ob nach dem Tod des Erstversterbenden die sog. Einheits- oder die sog. Trennungslösung eintritt. Dies ist durch Auslegung zu ermitteln. § 2269 BGB ordnet für den Zweifelsfall die Einheitslösung an, bei der der

100 *Edenhofer*, in: Palandt, 67. Aufl. (2008) § 2270 Rn. 7.
101 BGH, Urteil vom 26.09.1990 – IV ZR 131/89, NJW 91, 169, 170.
102 Vgl. statt vieler *Edenhofer*, in: Palandt, 67. Aufl. (2008) § 2271 Rn. 12.

Überlebende (Voll-) Erbe und der Dritte Schlusserbe nach dem Letztlebenden wird. Eine derartige Gestaltung wird auch als sog. Berliner Testament bezeichnet. Beim Erbfall kommt es zu einer Verschmelzung der Vermögensmassen des Erblassers und des Überlebenden. Bei Eintritt der Einheitslösung hat eine vereinbarte Wiederverheiratungsklausel, sofern der Überlebende erneut heiratet, nach wohl herrschender Meinung folgende Wirkung: Der überlebende Ehegatte wird rückwirkend als durch die Wiederverheiratung auflösend bedingter Vollerbe und als aufschiebend bedingter Vorerbe behandelt. Die Wiederverheiratung hat also *ex-tunc* Wirkung, was insbesondere im Hinblick auf die den Vorerben treffenden Verfügungsbeschränkungen relevant ist. Gleichzeitig tritt auch mit Wirkung *ex-nunc* der Nacherbfall ein. Der Überlebende verliert also seine Vorerbenstellung nach dem Erstversterbenden und das Vermögen des Erblassers geht auf die Nacherben über. Bei der sog. Trennungslösung wird der Überlebende bei Eintritt des Erbfalls Vorerbe und der bedachte Dritte Nacherbe. Die Vermögensmassen von Erblasser und Überlebenden bleiben also rechtlich getrennt. Sofern die Trennungslösung eintritt, bewirkt die Wiederverheiratungsklausel, dass der Nacherbfall schon vor dem Tod des Überlebenden eintreten kann, nämlich mit dessen Wiederheirat. Das im Wege der Vorerbschaft angefallene Vermögen geht dann schon im Zeitpunkt der Wiederheirat auf die Nacherben über.[103]

Haben die Ehegatten/Lebenspartner bzw. die Vertragsschließenden eine solche Wiederverheiratungsklausel vereinbart, wonach bereits mit der Wiederheirat des Überlebenden dieser den ihm zugefallenen Nachlass an den Dritten herauszugeben hat, erlangt der Überlebende nach herrschender Meinung in der Literatur durch die erneute Heirat seine Testierfreiheit hinsichtlich seines eigenen Vermögens vollumfänglich zurück, da sich der Sinn und Zweck der erbvertraglichen Bindung, die Sicherstellung des Vermögensanfalls beim Zuletztbedachten, durch die Vorverlegung des Zeitpunkts des Nacherbfalls erfüllt hat: Der überlebende Ehegatte, der sich wieder verheiratet, muss das Vermögen, das ihm vom Erstversterbenden zufällt, an die vom Erblasser bestimmten Dritten herausgeben. Dem Überlebenden steht es daher auch frei, über sein eigenes Vermögen erneut zu testieren und andere Verfügungen von Todes wegen zu treffen. Seine bisherigen Anordnungen bleiben aber gültig, soweit er von seiner wiedergewonnen Testierfreiheit nicht erneut Gebrauch macht.[104] Dem wird entgegengehalten, der

---

103 Vgl. zur Wiederverheiratungsklausel und zu ihren Rechtswirkungen bei Einheits- und Trennungslösung statt vieler die Ausführungen bei *Musielak*, in: MüKo, 4.Aufl. (2000), Band 9, § 2269 Rn. 47 ff.

104 Str. wie hier: *Musielak*, in: MüKo, 4.Aufl. (2004), Band 9, § 2269 Rn. 62; *Edenhofer*, in: Palandt, 67. Aufl. (2008) § 2269 Rn. 20; *Wolf*, in: Soergel, 13. Aufl. (2002) § 2269 Rn. 30; einschränkend: *Kanzleiter*, in: Staudinger, 13. Aufl. (Neubearbeitung 2003) § 2269 Rn. 48.

überlebende Ehegatte habe ein berechtigtes Interesse daran, zumindest die gesetzliche Erbfolge eintreten zu lassen, um seine neue Familie nicht zu benachteiligen.[105] Diesem Gedanken kann aber nicht gefolgt werden. Wird eine Wiederverheiratungsklausel in das Testament bzw. den Erbvertrag aufgenommen, zeigen die Ehegatten, dass sie die Möglichkeit einer erneuten Eheschließung des Überlebenden mit in ihre Überlegungen eingestellt haben. Jeder Ehegatte bringt damit zum Ausdruck, dass für den Fall, dass er zuerst versterben sollte, bei Wiederverheiratung des Überlebenden der eigene Vermögensanteil an die Schlusserben übergehen soll. Jeder der Ehegatten bringt damit aber auch zum Ausdruck, dass für den Fall, dass er der Längstlebende ist, es ihm frei stehen soll eine neue Familie zu gründen. Diese Freiheit beinhaltet, nach eigener freier Entscheidung die neue Familie versorgen zu können und letztwillig zu bedenken. Entschließt er sich zur erneuten Heirat, sind ihm die erbrechtlichen Konsequenzen, der Verlust der eigenen Erbenstellung, bewusst. Unterlässt er indes eine Neuregelung der Vermögensnachfolge, bringt er damit seinen Willen zum Ausdruck, es bei der ursprünglichen Verfügung von Todes wegen zu belassen. Es widerspräche regelmäßig dem potentiellen Willen des überlebenden Ehegatten, wenn beispielsweise eine Schlusserbeneinsetzung bzw. eine Nacherbeneinsetzung der gemeinsamen Abkömmlinge aus erster Ehe automatisch durch die Wiederverheiratung entfallen würde. Will er den Wegfall der im gemeinschaftlichen Testament getroffenen Regelungen, so muss und wird er dies erneut formgerecht zum Ausdruck bringen.

g) § 134 BGB

Letztwillige Verfügungen unterliegen in ihrer Natur als Rechtsgeschäfte den für diese geltenden allgemeinen Schranken des § 134 BGB. Eine letztwillige Verfügung, die gegen ein gesetzliches Verbot verstößt, ist gem. § 134 BGB nichtig. Diese Rechtsfolge ist im Hinblick auf Vermächtnisse (§ 2171 I 1 BGB) und Auflagen (§ 2192 i.V.m. § 2171 I 1 BGB) innerhalb des Erbrechts ausdrücklich normiert, folgt aber schon aus der Anwendung der Vorschrift des § 134 BGB.[106] Sinn und Zweck der Regelung ist dabei nicht die Sanktionierung des Erblassers bzw. seines Willens, sondern die Verhinderung eines vom Gesetz missbilligten Erfolgs.[107]

---

105 OLG Hamm, Beschluss vom 16.3.1993 – 15 W 135/92, NJW-RR 93, 1225 vgl. zum Streitstand die Nachweise bei *Musielak*, in: MüKo, 4.Aufl. (2004), Band 9, § 2269 Rn. 62.

106 *Edenhofer*, in: Palandt, 67. Aufl. (2008) § 2171 Rn. 2.

107 Vgl. dazu *Otte*, in: Staudinger, 13. Aufl. (Neubearbeitung 2003) Vorbem. zu §§ 2064 ff. Rn. 141 ff.

In der Praxis hat die von § 134 BGB angeordnete Nichtigkeit letztwilliger Verfügungen wegen Gesetzesverstoßes vor allem Auswirkungen auf Verfügungen, denen Vorschriften des HeimG entgegenstehen. Es ist dem Erblasser, der in einem Heim i.S.d. § 1 I HeimG lebt, gem. § 14 I HeimG verwehrt, den Träger des Heims letztwillig zu bedenken.[108] Gleiches gilt gem. § 14 VI HeimG für die Einsetzung von Heimpersonal. Sinn und Zweck der Vorschrift des § 14 HeimG ist es, eine ‚Zwei-Klassen-Gesellschaft' in Heimen zu verhindern. Vermögende Heimbewohner sollen durch das Heim bzw. das Personal, welches auf eine Zuwendung nach dem Tod des Heimbewohners hofft, keine Besserbehandlung erfahren. § 14 Abs. 1 HeimG soll damit auch den Heimfrieden sichern, die Heimbewohner vor finanzieller und wirtschaftlicher Ausnutzung schützen und ihre Testierfreiheit sichern. Die Nichtigkeit tritt nur dann nicht ein, wenn der Bedachte von seiner Begünstigung keine Kenntnis hat und er sich Kenntnis davon auch nicht zurechnen lassen muss,[109] oder wenn eine Genehmigung der Heimaufsichtsbehörde eingeholt worden ist.[110] Trotz dieser Einschränkungen ist § 14 HeimG weit auszulegen, so dass auch heimähnliche Einrichtungen mit einbezogen werden und auch mittelbare Begünstigungen zur Vermeidung von Umgehungsgeschäften ausreichend sind.[111]

h) § 138 BGB

Letztwillige Verfügungen müssen, wie alle Willenserklärungen, auch den Anforderungen des § 138 BGB entsprechen, d.h. das letztwillige Rechtsgeschäft darf nicht gegen die guten Sitten verstoßen. Als sittenwidrig ist danach anzusehen, was *„dem Anstandsgefühl aller billig und gerecht Denkenden"* widerspricht.[112] Wegen des Bezugs der Sittenwidrigkeit zu außerrechtlichen Wertvorstellungen

---

108 § 14 I HeimG hat folgenden Wortlaut: *„Dem Träger ist es untersagt, sich von oder zugunsten von Bewohnerrinnen und Bewohnern oder den Bewerberinnen und Bewerbern um einen Heimplatz Geld- oder geldwerte Leistungen über das nach § 5 vereinbarte Entgelt hinaus versprechen oder gewähren zu lassen."* Wegen der vergleichbaren Interessenlage bei Rechtsgeschäften unter Lebenden und bei Verfügungen von Todes wegen, ist die Vorschrift auf Letztere entsprechend heranzuziehen, vgl. dazu BayObLG, Beschluss vom 28.06.1991 – BReg. 1 a Z 3/92, NJW 92, 55 ff.; BayObLG, Beschluss vom 22. 6. 2004 – 1Z BR 40/04, NJW-RR 04, 1591 ff.

109 vgl. dazu BayObLG, Beschluss vom 28.06.1991 – BReg. 1 a Z 3/92, NJW 92, 55 ff.

110 KG, Beschluss vom 14. 5. 1998 – 1 W 3540/97, ZEV 98, 437 ff.

111 Vgl. im Einzelnen den Überblick über die Rechtsprechung zu § 14 HeimG bei: *Heinrichs*, in: Palandt, 67. Aufl. (2008) § 134 Rn. 19.

112 statt vieler BGH, Urteil vom 19. 7. 2004 – II ZR 217/03, NJW 04, 2668/2270 mit Hinweis auf st. Rspr.

unterliegt das Verständnis dessen, was ein Rechtsgeschäft gegen die guten Sitten verstoßen lässt, dem Wandel der Zeit.[113]

(1) Konstruktion eines materiellen Noterbenrechts bei Zurücksetzung naher Familienangehöriger

Vielfach wurde zunächst der Schutz der nächsten Angehörigen durch das Pflichtteilsrecht als nicht ausreichend angesehen, da es weder emotionale Aspekte berücksichtige noch den Unterschied zwischen dinglicher und schuldrechtlicher Beteiligung am Nachlass ausreichend würdige. Vorgeschlagen wurde daher die Konstruktion eines „*materiellen Noterbenrechts der nächsten Angehörigen des Erblassers*" für den Fall ihrer grundlosen Totalenterbung durch die entsprechende Auslegung des § 138 BGB.[114] Den nächsten Angehörigen solle danach nach dem Vorbild der Rechtsordnungen Italiens und Frankreichs eine Erbquote zumindest in Höhe der Hälfte der Gesetzlichen zustehen. Die innere Rechtfertigung einer derartigen Inhaltskontrolle der letztwilligen Verfügung wurde darin gesehen, dass eine Enterbung stets ein Eingriff in ein dem gesetzlichen Erben eigentlich zustehendes Recht darstelle. Als solche werde sie als ungerecht und nicht bloß als unbillig empfunden, wenn der Erblasser für die Enterbung keinen sachlichen Grund vorweisen könne. Vor dem Hintergrund, dass die gesetzliche Erbfolge die Vermögensnachfolge grundsätzlich richtig regele,[115] sei eine Inhaltskontrolle der Erblasserentscheidung zwangsläufig eröffnet, falls der Erblasser von den Gerechtigkeitsvorstellungen, die sich der gesetzlichen Erbfolge entnehmen ließen, abweicht. Diese Auffassung geht davon aus, dass der Erblasser seine Testierfreiheit von vorne herein nicht nach Belieben, sondern nur nach pflichtgemäßem, gerechtem Ermessen ausüben dürfe, wobei seine Verantwortung als Ehegatte und Familienvater zu berücksichtigen sei. Die Testierfreiheit bezwecke nicht die beliebige Abweichung von der gesetzlichen Erbfolge, sondern deren gerechte Modifizierung im Einzelfall.[116]

---

113 *Heinrichs*, in: Palandt, 67. Aufl. (2008) § 138 Rn. 2; zum Wandel des Verständnisses der Sittenwidrigkeit in der Fallgruppe der sittenwidrigen Potestativbedingungen vgl. die Ausführungen unter C.I.

114 *Bosch*, Anmerkung zu BayObLG, Beschluss vom 02.09.1986, Az: 1 Z 31/86 (FamRZ 86, 1248 – 1250), FamRZ 86, 1250, 1251. Die Idee des materiellen Noterbrechts ist aber schon aus dem römischen Recht bekannt, vgl. dazu *Boehmer*, in: Staudinger BGB, 10 Aufl. (1954) Band V, 1. Teil Einleitung § 14 Rn. 7.

115 vgl. zu diesem Gedanken *Leipold*, MüKo, 4.Aufl. (2004), Band 9, Einleitung Rn. 15 ff.

116 *Leipold*, Wandlungen in den Grundlagen des Erbrechts? AcP 180, S. 160, 195.

Die Rechtsprechung und die herrschende Lehre sind dem Postulat eines materiellen Noterbenrechts mit Recht nicht gefolgt. Der Erblasser ist in seiner Freiheit, über sein Vermögen letztwillig zu verfügen, auch durch die der gesetzlichen Erbfolge zugrundeliegende sittliche Pflicht nicht begrenzt. Mit Ausnahme des Pflichtteilsrechts ist der Schutz von Ehe und Familie gegenüber der Testierfreiheit des Erblassers grundsätzlich nachrangig.[117] Es widerspräche der Intention des Gesetzgebers, der den Ausgleich zwischen den beiden erbrechtlichen Grundsätzen der Testierfreiheit und der Familienerbfolge durch das Pflichtteilsrecht geregelt hat, wenn über § 138 BGB im Falle der Übergehung naher Angehöriger eine dingliche Nachlassbeteiligung konstruiert würde, die vom Gesetzgeber für diesen Fall gerade nicht gewollt ist.

Der BGH hat allerdings in einer Entscheidung aus dem Jahre 1956[118] die Sittenwidrigkeit einer letztwilligen Verfügung in einem Fall bejaht, in dem ein Vater seine mutterlosen Söhne enterbte und seine Verlobte zur Alleinerbin einsetzte, nachdem er die Söhne zuvor zur Adoption freigegeben hatte, ohne dass diese sich eines Fehlverhaltens ihm gegenüber schuldig gemacht hätten. Zur Begründung der Entscheidung führte der BGH allerdings an, dass die Sittenwidrigkeit nicht schon aus der Zurücksetzung der Söhne des Erblassers folge, dass der Erblasser seine elementaren Vaterpflichten aber gröblich verletzt und damit grob unsittlich gehandelt habe. Für die Sittenwidrigkeit sei diese verwerfliche Gesinnung des Erblassers maßgeblich. Der Erblasser besiegle sein unsittliches Gesamtverhalten mit der Enterbung seiner Söhne um einer Frau Willen, die dieses Verhalten billige, wodurch sie der Erbeinsetzung nicht würdig sei. Diese Entscheidung ist allerdings im Hinblick auf die Übergehung von Familienangehörigen als Ausnahmeentscheidung zu qualifizieren, da die Sicherung der Nachlassbeteiligung naher Angehöriger durch das Pflichtteilsrecht gewährleistet ist. Mit dem Fokus der Entscheidung auf der zu sanktionierenden verwerflichen Gesinnung ist sie eher im Zusammenhang mit der unten behandelten Fallgruppe der sog. Geliebtentestamente vergleichbar.

(2) Verbot grob unbilliger Verfügungen – Sonstige Fallgruppen

Im Rahmen des § 138 BGB ist der Gesamtcharakter des Rechtsgeschäfts im Hinblick auf Inhalt, Beweggrund und Zweck an der Sittenordnung zu messen.[119] Für

117 BGH, Beschluss vom 31.03.1970 – III ZB 23/68, BGHZ 53, 369, 375; *Edenhofer*, in: Palandt, 67. Aufl. (2008) § 1937 Rn. 3; *Otte*, in: Staudinger, 13. Aufl. (Neubearbeitung 2000) Einl. zu §§ 1922 ff. Rn. 54; *Leipold*, MüKo, 4.Aufl. (2004) Band 9, Einleitung Rn. 15 ff.

118 BGH, Urteil vom 25.04.1956, IV ZR 297/55, LM Nr. 7 zu § 138 (Cd).

119 Vgl. dazu BGH, Urteil vom 31.03.1970 – III ZB 23/68, NJW 70, 1273, 1275.

die Beurteilung der Sittenwidrigkeit ist nicht entscheidend, ob der Erblasser das Bewusstsein hatte, sittenwidrig zu handeln. Ausreichend aber erforderlich ist, dass er die Tatsachen kennt, aus denen die Sittenwidrigkeit resultiert. Während der Beurteilung der Sittenwidrigkeit ursprünglich ein am außerrechtlichen Sittengesetz orientiertes Verständnis zugrunde gelegt wurde, ist sie heute vorrangig an rein rechtlichen Maßstäben zu messen und anhand einfachgesetzlicher Wertungen sowie den Wertungen der Grundrechte zu ermitteln.[120] Eine Einschränkung der Testierfreiheit durch die Inhaltskontrolle nach § 138 BGB kommt nach der Rechtsprechung des BGH nur dann in Betracht, wenn *„sich das Verdikt der Sittenwidrigkeit auf eine klare, deutlich umrissene Wertung des Gesetzgebers oder allgemeine Rechtsauffassung stützen“* kann.[121]

Neben der dieser Arbeit zugrundeliegenden Fallgruppe der bedingten Erbeinsetzung lassen sich in der Rechtsprechung zwei weitere Fallgruppen unterscheiden.[122]

(i) Das sog. Geliebtentestament – „Hergabe für die Hingabe“[123]

Charakteristisches Merkmal dieser Fallgestaltung ist die Enterbung der Angehörigen zugunsten einer Person, zu der der Erblasser ein außereheliches Verhältnis unterhalten hat. Die Rechtsprechung geht in dieser Konstellation dabei vor dem Hintergrund der umfassenden Testierfreiheit davon aus, dass letztwillige Verfügungen nur dann sittenwidrig sind, wenn sie bzw. der Erblasser ausschließlich den Zweck verfolgten, die gegebenenfalls ehewidrige Beziehung zu fördern oder den Partner für sexuelle Dienste zu be- oder entlohnen.[124] Die Beweislast trifft dabei nach allgemeinen Regeln denjenigen, der sich auf die sittenwidrigen Umstände beruft.[125]

Maßgeblicher Zeitpunkt für die Beurteilung der Sittenwidrigkeit ist nicht der Zeitpunkt der Errichtung der letztwilligen Verfügung, wie dies auch nach allge-

120 *Leipold,* Erbrecht, 16. Aufl. (2006) Rn. 244.

121 BGH, Urteil vom 20.10.1993 – IV ZR 231/92 NJW 94, 248, 250.

122 vgl. zu den einzelnen Fallgruppen die Übersicht bei: *Schmitt,* Die Sittenwidrigkeit von Testamenten in der höchstrichterlichen Rechtsprechung, Diss. (1999), S. 1 ff.

123 Der Urheber dieser Bezeichnung für die Fallgruppe der Geliebtentestamente ließ sich trotz intensiver Recherche nicht ermitteln.

124 Vgl. dazu BGH, Beschluss vom 31.03.1970 – III ZB 23/68, BGHZ 53, 369 ff. m.w.N.

125 BGH, Beschluss vom 31.03.1970 – III ZB 23/68, BGHZ 53, 369,375.

meinen Grundsätzen des § 138 BGB der Fall wäre,[126] sondern nach der hier vertretenen Auffassung der Zeitpunkt des Erbfalls.[127]

Inwieweit eine Änderung der Bewertungsmaßstäbe zwischen Testamentserrichtung und Erbfall zu berücksichtigen ist, beispielsweise eine Gesetzesänderung, ist in der Rechtsprechung noch nicht geklärt. Der BGH hat diese Frage in der unten diskutierten Entscheidung zur Rechtsnachfolge im Hause Hohenzollern ausdrücklich offen gelassen.[128]

Soweit sich tatsächliche Umstände geändert haben, hat der BGH in einer früheren Entscheidung festgestellt, dass vom allgemeinen Grundsatz, wonach der Zeitpunkt der Verfügungserrichtung maßgeblich sein soll, nicht abzurücken ist. Der Erblasser, der eine zum Zeitpunkt der Errichtung sittenwidrige Verfügung von Todes wegen errichtet hat, habe es in der Hand, diese Verfügung bei einer Änderung der tatsächlichen Verhältnisse formgerecht zu bestätigen. Umgekehrt greife der Einwand der unzulässigen Rechtsausübung nach § 242 BGB, falls eine ursprünglich nicht zu beanstandende Verfügung zum Zeitpunkt des Erbfalls als sittenwidrig angesehen würde.[129]

Da die inhaltliche Kontrolle der letztwilligen Verfügung nicht auf die Sanktionierung des Erblasserwillens abzielt, sondern insbesondere Inhalt und Auswirkungen der Verfügung ins Zentrum der Untersuchung rücken,[130] liegt es entgegen der Auffassung des BGH nahe, auf den Zeitpunkts des Erbfalls für die Beurteilung der Sittenwidrigkeit abzustellen. Die Auswirkungen der Verfügung von Todes wegen auf die Bedachten und ihre Lebenssituation können naturgemäß erst mit dem Erbfall eintreten. Erst in diesem Zeitpunkt kann also entschieden werden, ob Auswirkungen entstehen, *„die mit dem Anstandsgefühl aller billig und gerecht Denkenden“*[131] nicht zu vereinbaren sind. Die gegenteilige Auffassung ist insbesondere im Hinblick auf die Entwicklung der Rechtsprechung zu sehen. Stand zunächst die Sanktionierung des Erblasserwillens durch § 138 BGB im Vordergrund, war es durchaus konsequent, auf den Zeitpunkt der Manifestation dieses verwerflichen Willens in der konkreten letztwilligen Verfügung abzustel-

---

126 *Heinrichs*, in: Palandt, 67. Aufl. (2008) § 138 Rn. 9.

127 Statt vieler *Leipold*, Erbrecht, 16. Aufl. (2006) Rn. 244 m.w.N.; a.A. *Heinrichs*, in: Palandt, 67. Aufl. (2008) § 138 Rn. 9.

128 BGH, Beschluss vom 02.12.1998 – IV ZB 19-97, NJW 99 S. 566, 568.

129 BGH, Beschluss vom 15.02.1956 – IV ZR 294/55, BGHZ 20, 71; *Heinrichs*, in: Palandt, 67. Aufl. (2008) § 138 Rn. 9; in diese Richtung auch BayObLG, Beschluss vom 03.09.1996 – 1Z BR 41/95, FamRZ 97, 705, 709: Der Erblasser genieße im Hinblick auf eine zum Zeitpunkt der Errichtung nicht zu beanstandende Verfügung Vertrauensschutz.

130 *Leipold*, Erbrecht, 16. Aufl. (2006) Rn. 250.

131 statt vieler BGH, Urteil vom 19. 7. 2004 – II ZR 217/03, NJW 04, 2668/2270 mit Hinweis auf st. Rspr.

len. Mit der Aufgabe dieses Verständnisses der Sittenwidrigkeitskontrolle ist aber nunmehr auch der für die Beurteilung maßgebliche Zeitpunkt derjenige, in dem sich das letztwillige Rechtsgeschäft inhaltlich auswirkt Die hier vertretene Auffassung trägt auch der weitgehenden Testierfreiheit des Erblassers angemessen Rechnung. Der Erblasser, der eine zum Zeitpunkt der Errichtung sittenwidrige Verfügung von Todes wegen errichtet hat, wird sich in aller Regel der Sittenwidrigkeit seiner Anordnung nicht bewusst sein. Es wäre unbillig und absurd, wenn ihm im posthum vorgeworfen würde, dass er seine von ihm als wirksam angesehenen Anordnungen hätte inhaltsgleich zu Lebzeiten wiederholen müssen, um ihnen zur Durchsetzbarkeit zu verhelfen, obwohl sich seine ursprünglich sittenwidrige Anordnung zum Zeitpunkt des Erbfalls als zulässig herausstellt.

Der Frage, inwieweit sich die Fallgruppe der Geliebtentestamente nicht durch die Einführung des ProstG[132] möglicherweise erledigt hat,[133] kann an dieser Stelle nicht umfassend nachgegangen werden. Durch die Anerkennung der Rechtswirksamkeit einer Vereinbarung von gegen Entgelt vorgenommener sexueller Handlungen erscheint es aber folgerichtig, auch eine postmortale Entlohung für sexuelle Dienstleistungen nicht mehr als sittenwidrig anzusehen. Letztwillige Verfügungen, auch solche bei denen die Erbeinsetzung lediglich der Be- oder Entlohung sexueller Leistungen dienen soll, sind daher rechtswirksam.[134] Dies entspricht auch der Linie der Rechtsprechung zu § 138 BGB bei Konflikten zwischen außerrechtlichen moralischen Anschauungen und der im Recht verkörperten Wertordnung. Ein Rechtsgeschäft, dessen Inhalt eine gesetzliche Vorschrift als zulässig anerkennt, kann nicht gem. § 138 BGB für nichtig erklärt werden.[135] Die gesetzgeberischen Wertungen des ProstG sind zu beachten.

Insofern hat mit der Einführung des ProstG eine Änderung der maßgeblichen Bewertungsmaßstäbe stattgefunden, die nach der hier vertretenen Auffassung bei der Beurteilung der Sittenwidrigkeit zu berücksichtigen ist. Daher sind auch Verfügungen von Todes wegen, die zeitlich vor Einführung des ProstG errichtet wurden und deswegen nach dem bisherigen Verdikt der Rechtssprechung als sittenwidrig nach § 138 BGB verworfen worden wären, nunmehr als rechtswirksam anzuerkennen.

---

132 Prostitutionsgesetz vom 20. Dezember 2001 (BGBl. I S. 3983).

133 Vgl. *Leipold*, Erbrecht, 16. Aufl. (2006) Rn. 246.

134 wie hier *Otte*, in: Staudinger, (Neubearbeitung 2003) vor 2064 ff. Rn. 150; *Armbrüster*, Zivilrechtliche Folgen des Gesetzes zur Regelung der Rechtsverhältnisse der Prostituierten, NJW 02, 2763, 2765; *Litzenburger*, in: Bamberger/Roth BGB, online: www.beck-online.de, Datum des Zugriffs: 01.12.2007, § 2074 Rn. 7; *Kroppenberg*, DNotZ 06, 86, 103 Fn.93.

135 BGH, Urteil vom 17. 4. 1970 – I ZR 124/68, NJW 70, 1179, 1180; *Heinrichs*, in: Palandt, 67. Aufl. (2008) § 138 Rn. 6.

(ii) Die sog. Behindertentestamente

Bei der Fallgruppe der sog. Behindertentestamente geht es nicht um letztwillige Verfügungen behinderter Menschen, sondern um solche, in denen behinderte Menschen von ihren Eltern zu Erben eingesetzt werden.[136] In der Regel bedient man sich in diesem Zusammenhang erbrechtlicher Gestaltungsformen, die verhindern sollen, dass ein Träger der Sozialhilfe, der Sozialleistungen an das behinderte Kind erbringt, nach dem Tod eines Elternteils die Leistungen einstellt und das behinderte Kind auf die Verwertung der Nachlassmasse verweist bzw. Regress beim durch den Nachlass bereicherten Abkömmling nimmt. Gleichzeitig soll dabei aber auch sichergestellt werden, dass dem Behinderten neben den Sozialleistungen aus dem Nachlass weitere Zuwendungen zufallen können. Dies kann beispielsweise dadurch erreicht werden, dass eine Vor- und Nacherbschaft angeordnet wird, wobei das behinderte Kind zum nicht befreiten Vorerben und nahe Angehörige oder ein gemeinnütziger Verein zum Nacherben eingesetzt wird. Gleichzeitig wird Dauertestamentsvollstreckung nach § 2209 BGB angeordnet und der Nacherbe zum Testamentsvollstrecker ernannt. Den Testamentsvollstrecker weist der Erblasser gem. § 2216 II BGB an, die Nutzungen des Nachlasses an das behinderte Kind nur zweckgebunden für den jeweils bestehenden Bedarf, z.B. für Taschengeld, Urlaub und Befriedigung kultureller Bedürfnisse, herauszugeben. Bei einer derartigen Gestaltung ist dem Träger der Sozialhilfe gem. § 2214 BGB verwehrt, aus dem Nachlass, der der Verwaltung durch den Testamentsvollstrecker unterliegt, Regress zu nehmen. Da die Nutzungen aus dem Nachlass nur zweckgebunden zugewandt werden dürfen, sind sie als sog. Schonvermögen nach § 90 II SGB XII nicht im Wege des Regresses verwertbar. Dabei wird darauf geachtet, dass der Erbteil, der dem behinderten Kind zugewandt wird, größer als die Hälfte seines gesetzlichen Erbteils ist. In diesem Fall steht ihm ein Pflichtteilsanspruch, der durch den Träger der Sozialhilfe im Wege der Überleitung nach § 93 II SGB XII verwertbar wäre, nur dann zu, wenn die Erbschaft gem. § 2306 I 2 ausgeschlagen wird.[137] Da die Ausübung des Aus-

---

136 Vgl. zum Themenkreis der Behindertentestamente statt vieler *Litzenburger, in:* Bamberger/Roth BGB, online: www.beck-online.de, Datum des Zugriffs: 01.12.2007, § 2100 Rn. 12 ff. m.w.N.

137 Nach der geplanten Reform des Pflichtteilsrechts wird § 2306 BGB dahingehend abgeändert, dass die Größe des hinterlassenen Erbteils für die Ausschlagung durch den Pflichtteilsberechtigten keine Rolle mehr spielen wird. Der Pflichtteilsberechtigte kann in jedem Fall der Belastung des hinterlassenen Erbteils mit den in § 2306 BGB genannten Beschränkungen die Erbschaft ausschlagen, ohne den Anspruch auf den Pflichtteil zu verlieren, vgl. dazu Referentenentwurf Pflichtteilsrecht, online: Bundesministerium der Justiz http://www.bmj.bund.de/files/-/2049/GesetzE%20 Pflichtteilsrecht.pdf, (Datum des Zugriffs: 01.12.2007).

schlagungsrechts allerdings nur dem Pflichtteilsberechtigen, ggf. dessen Betreuer, zusteht, entsteht auch nur in diesem Fall der Ausschlagung ein für den Sozialhilfeträger verwertbarer, schuldrechtlicher Anspruch gegen die Erben. Die Ausschlagung der Erbschaft ist aber bei einer derartigen Gestaltung regelmäßig nicht im wohlverstandenen Interesse des Betreuten.[138] In der Regel besteht daher für den Sozialhilfeträger keine Regressmöglichkeit.

Den Behindertentestamenten wurde der Einwand der Sittenwidrigkeit entgegengehalten. Die Belastung des behinderten Kindes, zum einen durch die Einsetzung eines Nacherben und zum anderen durch die Anordnung der Dauerzwangsvollstreckung, führe zu einer unangemessenen Benachteiligung. Die Gestaltung sei auch deswegen sittenwidrig, da gegen den Grundsatz der Subsidiarität der Sozialhilfe aus § 2 SGB XII verstoßen würde bzw. dieser jedenfalls zumindest umgangen würde. In entsprechender Anwendung der Grundsätze der Rechtsprechung zur Sittenwidrigkeit von Unterhaltsverzichtserklärungen in Scheidungsvereinbarungen und Eheverträgen sei die Gestaltung sittenwidrig, da dem behinderten Kind eine Einkunftsquelle genommen werde.[139]

Dieser Argumentation ist der BGH allerdings nicht gefolgt. Eine Zurücksetzung naher Familienangehöriger sei nur in besonders schwerwiegenden Ausnahmefällen sittenwidrig. Die erbrechtliche Gestaltung ziele auch nicht auf eine Benachteiligung des behinderten Kindes ab, sondern bezwecke dessen Besserstellung. Die Ausschaltung der Regressmöglichkeit des Sozialhilfeträgers sei ebenfalls nicht sittenwidrig. Das Subsidiaritätsprinzip des Sozialrechts sei im Sozialrecht häufig durchbrochen, es fehle ihm daher an Prägekraft, um als Maßstab der Sittenwidrigkeit herangezogen werden zu können. Es gäbe auch keine allgemeine Rechtsüberzeugung, dass Eltern ihrem behinderten Kind, von einer gewissen Größe des elterlichen Vermögens an, einen über den Pflichtteil hinausgehenden Erbteil hinterlassen müssten, damit es nicht ausschließlich der Allgemeinheit zur Last falle. Die Testierfreiheit fände ihre sozialstaatlich und durch Art. 6 GG legitimierte Grenze lediglich im Pflichtteilsrecht.[140]

---

138 vgl. dazu jüngst OLG Köln, Beschluss vom 29.06.2007 – 16 Wx 112/07, FG Prax 07, 266 ff.

139 vgl. Darstellung des Streitstandes bei *Harder/ Kroppenberg*, Erbrecht, 5.Aufl. (2002) § 6 Rn. 238; *Schmitt*, Diss. (1999), S. 1 ff. *Otte*, in: Staudinger, 13. Aufl. (Neubearbeitung 2003) Vorbem. zu §§ 2064 ff. Rn. 171 ff.

140 BGH, Urteil vom 20.10.1993 – IV ZR 231/92, NJW-RR 94, 323 ff.

C. Inhaltskontrolle letztwilliger Potestativbedingungen

I. Behandlung in der Rechtsprechung

Die Fallgruppe der – vermeintlich – sittenwidrigen Potestativbedingungen beschäftigte die Gerichte bereits lange vor Inkrafttreten des BGB. Rechtsprechung vor dem 1.1.1900 wird in der nachstehenden Untersuchung insoweit mit aufgenommen, als die Rechtsprechung nach Inkrafttreten des BGB auf diese Entscheidungen Bezug nimmt.[141]

1. RG: katholischer Glauben[142]

a) Untersuchungsrelevanter Sachverhalt

Die Erblasserin setzte zugunsten ihrer vier Enkelkinder ein Vermächtnis aus, das diese nur erhalten sollten, wenn alle vier den katholischen Glauben beibehielten. Im Falle, dass nur einer der Bedachten seine Konfession änderte, sollte das Vermächtnis den Kindern der Erblasserin zu gleichen Teilen anfallen. Eines der bedachten Enkelkinder konvertierte nach dem Erbfall zum evangelischen Glauben.

b) Entscheidungsgründe

Die Bedingung wurde als sittenwidrig angesehen und galt damit als nicht angeordnet. Zur Begründung wurde angeführt, dass nach § 9 ALR[143] die Gewissensfreiheit nicht durch Willenserklärung einschränkbar sei, niemand sich also durch Vertrag zur Beibehaltung verpflichten könne. Was aber nicht Gegenstand einer Willenserklärung sein könne, könne auch nicht zur Bedingung (§ 136 ALR) eines Rechtsgeschäfts erhoben werden. Die Bedingung gelte daher als nicht geschrieben (I 12 § 63 ALR).

---

141 Vgl. zu weiteren Entscheidungen vor Inkrafttreten des BGB vgl. die Ausführungen bei *Knobbe-Keuk*, Der Erblasserwille post testamentum – Zur Unzulässigkeit der testamentarischen Potestativbedingung, FamRZ 72, 9 ff.

142 RG, Urteil vom 24.04.1888 – IV 21/1888, RGZ 21, 279 ff.

143 Allgemeines Landrecht für die preußischen Staaten.

Die einschlägigen Vorschriften des ALR seien Ausdruck davon, dass es in der Regel unsittlich sei, eine Willenserklärung mit einer Bedingung zu verknüpfen, die den Bestand des Rechtsgeschäfts von der Beibehaltung oder Änderung einer Religion abhängig mache. Eine Sachlage, die eine Abweichung von dieser Regelung rechtfertige, sei nicht gegeben. Die „*Anordnung verlange nicht als eine der Erblasserin genehme tatsächliche Voraussetzung den Bestand des katholischen Bekenntnisses auf Seiten der Bedachten,*“ sondern lasse „*die Absicht der Beeinflussung und der Bedrückung der Gewissensfreiheit deutlich erkennen.*“

c) Stellungnahme

Auffällig ist, dass das RG zum einen die Anordnung der Erblasserin als unsittlich einstuft, andererseits aber sein Urteil auf eine gesetzlich angeordnete Beschränkung rechtsgeschäftlicher Gestaltungsmöglichkeit stützt. Darin liegt gleichzeitig ein argumentativer Schwachpunkt des Urteils. Nach der Argumentation des RG käme es an sich gar nicht darauf an, ob die Bedingung als sittenwidrig anzusehen ist, da das RG davon ausgeht, dass ein Verhalten, das nicht Gegenstand einer Willenserklärung bzw. eines Vertrags sein könne, auch nicht zur Bedingung erhoben werden könne.

Des Weiteren ist zu beachten, dass das RG ein Regel-Ausnahme-Verhältnis bei derartigen Verfügungen annimmt, indem es andeutet, dass eine bestimmte Motivationslage der Erblasserin die objektiv vorliegende Sittenwidrigkeit hätte beseitigen können. Dieser Heilungsgedanke wird in der Rechtsprechung auch später immer wieder aufgegriffen.

2. OLG Rostock: Ehelosigkeit[144]

a) Untersuchungsrelevanter Sachverhalt

Der Erblasser hatte im Wege des Vermächtnisses sein Wohnhaus seiner Haushälterin vermacht. Das Vermächtnis stand unter der auflösenden Bedingung, dass die Haushälterin ehelos bleiben würde. Letzteres stand nach – insoweit streitiger – Ansicht des Erblassers im eigenen Wohl der Bedachten. Diese hatte ihrer lediglich bedingten Einsetzung als Vermächtnisnehmerin auch ausdrücklich zugestimmt. Im Klagewege verlangte sie Herausgabe des Vermächtnisgegenstands. Der beklagte Erbe verlangte wegen der Bedingung die Leistung einer Sicherheit.

---

144 OLG Rostock, Beschluss vom 08.12.1890, Seuff. Arch. 49 Nr.4, S. 1165 ff.

b) Entscheidungsgründe

Die Bedingung sei jedenfalls „*unsittlich*" und habe als nicht geschrieben zu gelten. Dies gelte unabhängig davon, ob man die Bestimmungen der *Lex Julia et Papia Poppaea*[145] für anwendbar halte, wonach in letztwilligen Verfügungen eine Bedingung, nicht zu heiraten, absolut unerlaubt sei oder ob man die Unwirksamkeit auf das „*heutige Recht*" stütze.[146]

Unsittlich sei eine Bedingung unter anderem dann, „*wenn in ungehöriger Weise auf die Freiheit des Entschlusses eines Menschen in Dingen eingewirkt werden soll, worin der Mensch sich durch äußere Motive nicht soll bestimmen lassen.*" Der Erblasser habe die Bedachte durch „*Erweckung der Furcht vor einem sie anderenfalls treffenden Vermögensnachteil in der freien Entscheidung, ob sie heiraten wolle oder nicht,*" zu beeinflussen versucht. Die Sittenwidrigkeit der Anordnung träte auch dadurch besonders deutlich hervor, dass der Bedachten nicht nur der Verlust einer für den Lebensunterhalt wichtigen Rente angedroht würde, sondern der Entzug der Substanz eines Vermögenswertes.

Der Sittenwidrigkeit der Anordnung stehe es weder entgegen, dass der Erblasser möglicherweise im Interesse der Bedachten habe handeln wollen, noch, dass diese der Bedingung zugestimmt habe. Sofern dies tatsächlich der Fall gewesen sei, habe lediglich eine sittenwidrige Vereinbarung vorgelegen.

c) Stellungnahme

Nach dieser Entscheidung des OLG Rostock liegt die Sittenwidrigkeit der Anordnung schon alleine in der Verknüpfung höchstpersönlicher Entscheidungen mit materiellen Interessen. Unerheblich soll die Interessenlage des Erblassers sein.

Die Entscheidung lässt viele Fragen offen. Ungeklärt bleibt, welche „*Dinge*" es sind, in denen „*der Mensch sich durch äußere Motive nicht soll bestimmen lassen*" und worin die innere Begründung für dieses angenommene Gebot liegt. Unklar ist auch, wieso der „*Verlust der Substanz eines Vermögensobjekts*" (das Wohnhaus des Erblassers) im Vergleich zum Verlust der Lebensgrundlage („*für*

145 Ziel des Gesetzes war die Regulierung der Ehe: Es wurde eine allgemeine Ehepflicht eingeführt, die darauf gerichtet war, möglichst viele Nachkommen hervorzubringen. Ehe- und Kinderlosigkeit hatte eine Beschränkung der Fähigkeit von Todes Vermögen zu erwerben wegen zur Folge. Vgl. *Kaser/ Knütel*, Römisches Recht, 18.Aufl. (2005) S. 287, 288.

146 Verwiesen wird damit auf das gemeine Recht.

ihren Lebensunterhalt bestimmten Rente“) schwerer wiegen soll und warum deswegen die Sittenwidrigkeit besonders zu Tage treten sollte.[147]

3. BayObLG: Eintritt in den Priesterstand[148]

a) Untersuchungsrelevanter Sachverhalt

Der Erblasser war katholischer Pfarrer. Zu Gunsten seines Neffen hatte er ein Vermächtnis ausgesetzt. Dieses stand unter der Bedingung, dass sein Neffe in den katholischen Priesterstand eintreten würde. Dieser Anordnung hatte sich der Bedachte nicht gefügt und einen anderen Beruf ergriffen.

b) Entscheidungsgründe

Die Bedingung wurde nach gemeinem Recht als sittenwidrig und daher als nicht hinzugefügt angesehen. Sie sei als eine „*rechtlich oder sittlich unerlaubte zu betrachten.*“ Zu diesen gehörten „*vor Allem solche, deren Gegenstand eine nach Recht oder Sitte zu missbilligende Handlung*“ bilde, auch wenn der Eintritt in den Priesterstand als solcher nicht verwerflich sei. Die Sittenwidrigkeit folge auch nicht schon daraus, wie das Berufungsgericht dies angenommen hatte, dass mit der zur Bedingung gemachten Handlung die Ehelosigkeit des Bedachten notwendig verknüpft sei. Die Ehelosigkeit sei lediglich „*Folge des zur Bedingung gemachten Lebensberufs*“ und trage „*in Verbindung mit diesem nicht die Eigenschaft des Unerlaubten, sondern des Pflichtmäßigen an sich.*“ Eine entsprechende Anwendung römisch rechtlicher Grundsätze der *Lex Iulia et Papia Poppaea* sei nicht geboten.

Das BayObLG attestierte dem Erblasser auch eine „*löbliche*“ Gesinnung: Ihm sei daran gelegen gewesen, „*dass der von seinem Neffen als Beruf zu wählende Priesterstand und dessen Thätigkeit in solchem einen sittlich veredelnden Einfluss auf ihn äußere.*“ Des weiteren käme es bei der Beurteilung der Sittenwidrigkeit nicht nur „*auf die durch die Bedingung vorgezeichnete Handlung an*“, sondern auch auf die „*mit dieser Anordnung verbundene Absicht des Verfügenden*“, ebenso auf den Beweggrund des Erblassers.

147 Vgl. zu dieser Frage *Otte*, in: Staudinger, 13. Aufl. (Neubearbeitung 2003) § 2074 Rn. 41.

148 BayObLG, Beschluss vom 23.10.1894 – Reg. Nr. I 66/1894, Seuff. Arch. 50 Nr.97, S. 171 ff.

Allerdings erscheine es als „*eine der Gegenwart entsprechende sittliche Anforderung, dass die Bestimmung des Menschen zum Dienste Gottes und der Kirche von jeder äußeren Beeinflussung ferngehalten und die Entscheidung hierüber nicht durch die Aussicht auf einen Vermögensvorteil herbeigeführt werde.*“ Da die Bedingung geeignet und dazu bestimmt gewesen sei, auf den Bedachten im Hinblick auf seine Berufswahl einzuwirken, sei sie als sittenwidrig anzusehen.

c) Stellungnahme

Auffällig ist zunächst, dass das BayObLG betont, dass eine Bedingung stets auch anhand der ihr zugrundeliegenden Absichten beurteilt werden müsse und gleichzeitig auch feststellt, dass eine wohlwollende Absicht des Verfügenden durchaus vorgelegen habe. Daraus wird für den zu entscheidenden Fall aber erstaunlicherweise nicht gefolgert, dass die Bedingung zulässig sei. Vielmehr wird es als ausreichend angesehen, dass eine Beeinflussung des Bedachten insoweit von der als löblich anerkannten Absicht objektiv umfasst sei und die Bedingung auch geeignet sei, Einfluss auf eine höchstpersönliche Entscheidung des Bedachten zu nehmen.

4. RG: Konfessionswechsel[149]

a) Untersuchungsrelevanter Sachverhalt

Die Erblasserin setzte in einem Testament ihre einzige Tochter zu ihrer Vorerbin und ihre Enkeltöchter zu ihren Nacherben ein. In einem Testamentsnachtrag bestimmte sie, dass die Erbenstellung der Enkeltöchter durch einen Konfessionswechsel vor dem 24. Lebensjahr auflösend bedingt sein sollte, so dass sie in diesem Fall nur den Pflichtteil erhalten würden. Die in diesem Fall frei werdenden Erbteile sollten an entferntere Verwandte fallen. Der Testamentsvollstrecker begehrte vor Gericht die Feststellung der Nichtigkeit dieser Anordnung.

b) Entscheidungsgründe

Die im Nachtrag zum Testament enthaltene auflösende Bedingung verstoße gegen § 138 BGB. Es widerspreche „*gröblich der Auffassung sittlich ernstdenkender Volksreife, in religiösen Dingen auf die Freiheit der Entschließung eines anderen, die nur Sache eigener innerer Überzeugung sein darf, durch Inaussicht-*

149 RG, Urteil vom 18.09.1913 – IV 200/13, Seuff. Arch. 69, Nr.48, S. 92.

stellen von äußeren Vermögensvorteilen oder Nachteilen einzuwirken." Selbst wenn die Anordnung so zu verstehen sei, dass die Erblasserin damit versuchen wollte, die endgültige Entscheidung ihrer Enkeltöchter bis zum 24. Lebensjahr hinauszuzögern, so sei auch dies sittenwidrig. Die Bedachten seien dadurch „*gerade in der Zeit größter Empfänglichkeit für religiöse Dinge*" in der „*Befriedigung ihrer religiösen Bedürfnisse aufs äußerste beschränkt.*" Dieser Zwang widerstreite dem „*sittlichen Gefühl ernstdenkender Menschen*" und dürfe „*vor der Rechtsordnung keinen Bestand haben.*"

c) Stellungnahme

Wie bereits in dem Urteil zur Zulässigkeit einer Bedingung der Zugehörigkeit zum katholischen Glauben stellt das RG darauf ab, dass die Sittenwidrigkeit aus der versuchten Einflussnahme auf eine höchstpersönliche Entscheidung resultiert. Nach Inkrafttreten des BGB wird die Nichtigkeitsfolge auf § 138 BGB gestützt, so dass die Argumentation, was nicht Gegenstand eines Vertrags sein könne, dürfe auch nicht zum Gegenstand einer Bedingung gemacht werden, keine Anwendung mehr findet.

5. KG: Wahl eines nichtreichsdeutschen/ konfessionsfremden Ehegattens[150]

Im Hinblick auf nachstehende Entscheidung ist zu berücksichtigen, dass § 48 II TestG[151] vorsah, dass Verfügungen von Todes wegen nichtig waren, „*soweit sie in einer gesundem Volksempfinden widersprechenden Weise gegen die Rücksichten*" verstießen, „*die ein verantwortungsbewusster Erblasser gegen Familie und Volksempfinden zu nehmen*" hatte. Nach dem Verständnis des RG hatte § 48 II TestG lediglich deklaratorischen Charakter: Es werde darin nur das wiederholt, wozu man bei der (gebotenen) nationalsozialistischen Auslegung des § 138 BGB ohnehin gelange.[152] Die nachstehend aufgeführte Entscheidung ist daher vor dem Hintergrund nationalsozialistischen Gedankenguts zu verstehen.

a) Untersuchungsrelevanter Sachverhalt

Der Erblasser hatte in seinem Testament seine Töchter neben seiner Ehefrau zu Erben eingesetzt. Die Töchter sollten aber nur den Pflichtteil erhalten, falls sie

150 KG, Urteil vom 05.05.1938 – 1 Wr 152/38, JFG 17; Nr.78; S. 306 ff.
151 RGBL. I 1938, 973.
152 RG, Beschluss vom 13.03.1936 – RG Nr.58 V 184/35, RGZ 150, 1, 4.

Männer heiraten würden, die nicht evangelischen Glaubens waren oder die nur zum Zweck der Umgehung dieser Anordnung zum evangelischen Glauben übertreten würden. Dasselbe sollte gelten, falls die Töchter einen Nichtreichsdeutschen heiraten würden. Das Nachlassgericht hatte diese Klausel zunächst für nichtig erachtet und einen Erbschein ausgestellt. Anschließend waren dem Nachlassgericht allerdings Bedenken gekommen und der Erbschein wurde eingezogen. Gegen die Einziehung hatten die Töchter Beschwerde eingelegt.

b) Entscheidungsgründe

Die auflösend bedingte Erbeinsetzung verstößt nach Ansicht des KG nicht gegen § 138 BGB. Ein Rechtsgeschäft sei nur dann nach § 138 I BGB unsittlich, „*wenn es nach seinem Gesamtcharakter unter Berücksichtigung aller Umstände des Einzelfalls sich als gegen die guten Sitten verstoßend*" darstelle. Der Gesamtcharakter des Rechtsgeschäfts sei aus der „*Zusammenfassung von Inhalt (Gegenstand), Beweggrund und Zweck des Rechtsgeschäfts*" zu bestimmen. Als Maßstab seien die „*allgemeinen Anstandsbegriffe, d.h. das von dem Anstandsgefühl aller billig und gerecht Denkenden getragene gesunde Volksempfinden zum Zeitpunkt der Abwicklung des Geschäfts*", heranzuziehen. Entscheidend sei auf den Gesamtcharakter des Rechtsgeschäfts abzustellen. Zwar sei eine Bedingung der streitgegenständlichen Art, mit der versucht würde, auf die grundsätzlich freie Entscheidung der „*Gattenwahl*" durch das Inaussichtstellen von Vermögensvorteilen einzuwirken, grundsätzlich gem. § 138 I BGB sittenwidrig, die Gesinnung des Verfügenden sei aber in diesem Fall derart „*achtenswert und ehrenhaft*", dass auch das „*Volksempfinden sich ihnen beugen*" müsse und der „*an sich gegen die guten Sitten verstoßende Inhalt in einem Lichte erscheint, daß der Gesamtcharakter der Best. nicht als gegen die guten Sitten verstoßend anzusehen ist.*" Dies gelte um so mehr, als das Gesetz dem Erblasser die Möglichkeit gegeben hätte, seine Töchter auch ohne Begründung von vorne herein auf den Pflichtteil zu setzen.

Aufgrund der „*ehrenhaften*" Motivation des Erblassers seien weitere Umstände, die gegen eine Sittenwidrigkeit sprechen könnten, unbeachtlich, „*so insbesondere der Gesichtspunkt, dass, auch wenn die Töchter der Best. zuwiderhandeln, ihnen ein noch sehr ansehnliches Vermögen verbleibt, sie also durch die Best. nicht so eingeengt sind, dass dadurch ihre Gattenwahl ernstlich beeinflußt werden könnte.*"

c) Stellungnahme

Die Entscheidung ist, wie oben bereits angedeutet, im Lichte nationalsozialistischen Gedankenguts zu betrachten. Bemerkenswert ist allerdings der argumentative Ansatz des KG, der schon in oben dargestellten der Entscheidung des RG vom 24.04.1888 zu finden ist: Eine an sich sittenwidrige, weil gegen das Volksempfinden verstoßende Anordnung, kann im Falle des Vorliegens einer besonderen Interessenlage des Erblassers anerkannt werden.

Ebenfalls auffällig ist, dass das KG die Sittenwidrigkeit der Bedingung auch deswegen verneint, weil es dem Erblasser frei gestanden hätte, seine Töchter ohne Angabe von Gründen von vorne herein nur mit dem Pflichtteil zu bedenken.

Das KG hält es für unbeachtlich, inwieweit eine tatsächliche Beeinträchtigung der Ehegattenwahl vorgelegen hat bzw. inwieweit die Töchter durch eine Nichtbefolgung der Anordnung tatsächlich benachteiligt worden wären. Diesem Argument wäre nachzugehen gewesen.

6. BGH: Ehescheidung[153]

a) Untersuchungsrelevanter Sachverhalt

Der Erblasser hatte in einem handschriftlichen Testament seine Ehefrau zur Vorerbin und von seinen vier Abkömmlingen einen seiner beiden Söhne zum Nacherben bestimmt. Ersatznacherbe sollte der andere Sohn sein. Die beiden Söhne waren im zweiten Weltkrieg in Kriegsgefangenschaft geraten. Der Nachlass bestand im Wesentlichen aus einem landwirtschaftlichen Betrieb. Die Erbeinsetzung der Söhne war aufschiebend bedingt dadurch, dass diese sich von ihren Ehefrauen, mit denen sie zum Zeitpunkt der Testamentserrichtung verheiratet waren, scheiden lassen würden, da die jeweiligen Ehefrauen ihren Ehemännern während deren Gefangenschaft nicht die eheliche Treue gehalten hatten. Der zum Nacherben eingesetzte Sohn hatte sich nach seiner Heimkehr scheiden lassen. Die Geschwister des Nacherben begehren die Feststellung, dass das Testament, soweit es die Söhne betreffe, nichtig sei.

b) Entscheidungsgründe

Der BGH hat in der bedingten Erbeinsetzung keinen Verstoß gegen die guten Sitten gesehen. In Übereinstimmung mit der Vorinstanz[154]geht der BGH zwar

153 BGH, Urteil vom 28.01.1956 – IV ZR 216/55, FamRZ 56, 130 ff.
154 OLG Celle, Urteil vom 05.04.1955 (nicht veröffentlicht).

davon aus, dass die Ehe grundsätzlich in der sittlichen Wertung so hoch stehe, *„dass von jedem Ehegatten selbst dann, wenn er durch Verfehlungen des anderen Teils schwer getroffen sei, eine ernsthafte Prüfung erwartet werde, ob er nicht verzeihen und die Ehe fortsetzen könne.*“ Dritte verstießen gegen das Sittengesetz, wenn sie auf diese Entscheidung Einfluss zu nehmen versuchten, indem sie materielle Vorteile in Aussicht stellten oder materielle Nachteile androhten.

In Abweichung von der Wertung des OLG Celle betont der BGH aber, dass diese Wertungen, die für Ehescheidungssachen maßgeblich seien, im Kontext erbrechtlicher Gestaltung nicht ohne weiteres übertragen werden könnten. Die Testierfreiheit gestatte dem Erblasser, *„die Nachfolge in seinen Nachlaß weitgehend nach Gutdünken und freiem Ermessen zu regeln.*“ Setze er einen Erben unter einer Bedingung ein, müssten bei der Frage nach der Sittenwidrigkeit *„alle Umstände des Falles, insbesondere auch die vom Erblasser verfolgten Zwecke berücksichtigt werden.*“ Der Erblasser habe das Verhalten der Schwiegertöchter als Kränkung seiner Ehre und der Ehre der Familie angesehen. Ein Ehebruch durch die Frau, *„insbesondere der Ehebruch der Frau eines im Feld stehenden oder in Gefangenschaft befindlichen Soldaten*“, werde als *„Familienschande*“ gesehen. Die Schwiegertöchter seien deswegen in den Augen des Erblassers als *„unwürdige*“ Familienmitglieder von der Hofnachfolge auszuschließen gewesen. Dieser *„berechtigte Wunsch*“ habe sich nur durch die Anordnung der Bedingung erreichen lassen. Es sei nicht das Ziel der Erblassers gewesen, die Ehen der Bedachten scheitern zu lassen. Aufgrund der notwendigen Verknüpfung von Zweck und Mittel lasse sich der Vorwurf der Sittenwidrigkeit nicht halten. Zwar falle die Frage, ob jemand seine Ehe aufrecht erhalten wolle, wie die Entscheidung über die Religion, die Berufswahl und die Eheschließung in einen Bereich, der allein vom freien sittlichen Entschluss des Einzelnen abhängen und nicht mit Vermögensvorteilen verquickt werden sollte. Soweit Bedingungen, die in einem inneren Zusammenhang zu den genannten Bereichen standen, in der bisherigen Rechtsprechung als sittenwidrig eingestuft worden seien, so sei dies im zu entscheidenden Falle aber aus folgendem Grund unerheblich: In den den früheren Urteilen zugrundeliegenden Sachverhalten sei der vom Erblasser verfolgte Zweck nicht so *„eng und untrennbar mit dem Nachlass selbst*“ verknüpft gewesen wie im vorliegenden Fall.

c) Stellungnahme

Der BGH greift in dieser Entscheidung, wenn auch nicht explizit, den schon vom RG und vom KG angesprochenen Gedanken der ‚Heilung‘ einer an sich nichtigen Anordnung wieder auf. Es wird zwar nicht festgestellt, dass eine Bedingung der streitgegenständlichen Art an sich sittenwidrig sei, solange sie nicht auf einer besonderen Interessenlage beruhe. Ein besonderes Interesse des Erblassers an der bedingten Erbeinsetzung stehe ihrer Sittenwidrigkeit aber zumindest dann entgegen, wenn dieses Interesse als gerechtfertigt empfunden wird und es nicht anders als durch die bedingte Erbeinsetzung verwirklicht werden könne.

Die Sittenwidrigkeit einer Bedingung, die den Bereich höchstpersönlicher Entscheidungen berührt, ist dieser Argumentation folgend also stets dann anzunehmen, wenn der Erblasser kein spezifisch nachlassbezogenes und berechtigtes Interesse an gerade dieser Anordnung hat. Sittenwidrigkeit ist danach also sowohl durch eine objektive Komponente, nämlich durch die Verquickung des Bereichs höchstpersönlicher Entscheidungsfreiheit mit materiellen Interessen, als auch subjektiv, durch das Fehlen eines berechtigten, nachlassspezifischen Interesses auf Seiten des Erblassers, zu bestimmen.

Durch letzteres Erfordernis wird deutlich, dass über die Sittenwidrigkeit einer Bedingung nach Ansicht des BGH nicht ungeachtet der Art des Nachlasses entschieden werden kann, auch wenn dies in dieser Deutlichkeit vom BGH selbst nicht ausgesprochen wird. Ungeklärt bleibt dabei, wie der Nachlass beschaffen sein muss, damit der Erblasser ein derart berechtigtes, nachlassbezogenes Interesse haben kann, dass ihm ausnahmsweise gestattet, zumindest mittelbaren Einfluss auf an sich höchstpersönliche Entscheidungen zu nehmen, um bestimmte Personen, wie beispielsweise „*unwürdige*“ Schwiegertöchter, auch faktisch von der Erbfolge auszuschließen. In der Entscheidung geht der BGH offenbar davon aus, dass dieses Interesse jedenfalls bei einem landwirtschaftlichen Betrieb gegeben ist.

7. BGH: Wiederverheiratungsklausel[155]

Nachstehendem Urteil liegt zwar keine bedingte Erbeinsetzung zugrunde, es nimmt aber zu den sog. Wiederverheiratungsklauseln in letztwilligen Verfügungen Stellung, insbesondere im Hinblick auf eine möglicherweise sittenwidrige Beeinflussung der Wahl des Ehegatten. Daher war diese Entscheidung mit in die Untersuchung einzubeziehen.

a) Untersuchungsrelevanter Sachverhalt

Der Erblasser war Kaufmann und Alleininhaber einer Dampfziegelei. 1942 gründete er mit seinen beiden Abkömmlingen zum Betrieb der Ziegelei eine Kom-

155 BGH, Urteil vom 08.07.1965 – II ZR 143/63, FamRZ 65, 600 ff.

manditgesellschaft. Im Gesellschaftsvertrag war bestimmt, dass beim Tod eines Gesellschafters die Gesellschaft mit den jeweiligen Ehegatten fortgeführt werden sollte. Sollte der dadurch in die Gesellschaft eintretende Ehegatte neu heiraten, so sollten, falls vorhanden, die Kinder aus der durch den Tod des Gesellschafters beendeten Ehe an die Stelle des wieder verheirateten Ehegattens treten. Sofern in im Falle der Wiederheirat keine gemeinsamen Kinder vorhanden seien, sollte die Gesellschaft mit den übrigen Gesellschaftern fortgeführt werden. Nach dem Tod eines Abkömmlings war dessen Ehegatte in die Gesellschaft eingetreten, welcher erneut heiratete. Der neue Ehegatte begehrte vor Gericht die Feststellung, dass die Wiederverheiratungsklausel im Gesellschaftsvertrag unwirksam sei.

b) Entscheidungsgründe

Die im Gesellschaftsvertrag enthaltene Wiederverheiratungsklausel verstößt nicht gegen § 138 BGB. Das Grundgesetz schütze die Eheschließungsfreiheit ebenso wie das Recht, seine privaten Rechtsbeziehungen grundsätzlich frei zu gestalten. Kollidierten Freiheitsrechte, bedürfe es einer „*sorgfältigen Güter- und Interessenabwägung, um beurteilen zu können, ob eine bestimmte Regelung, durch die sich jemand in der Ausübung seines Grundrechts beeinträchtigt fühlt, so untragbar erscheint, dass sie als ungültig anzusehen*“ sei. Dem Erblasser sei es darum gegangen, das von ihm stammende und seinen Kindern unentgeltlich zugewandte Gesellschaftsvermögen in der Familie zu halten. Dies sei ein „*sittlich einwandfreier Zweck*“. Die Folgen dieser Regelung für die betroffenen Gesellschafter seien dagegen erträglich, da sie nichts verlören, was sie durch eigene Tätigkeit erworben hätten. Insoweit ähnele die streitgegenständliche Vertragsgestaltung der Interessenlage bei der in letztwilligen Verfügungen üblichen Wiederverheiratungsklausel im Hinblick auf eine Anordnung von Vor- und Nacherbschaft. Derartige Regelungen seien bisher nicht grundsätzlich in Frage gestellt worden. In ihren wirtschaftlichen Auswirkungen seien sie i.d.R. aber sogar noch drastischer, da bei der streitgegenständlichen Klausel im Wiederverheiratungsfalle nur der Verlust des Gesellschaftsanteils drohe. Gegen beide Klauseln ließen sich keine „durchgreifenden Bedenken“ herleiten. Beide würden „*nur aus beachtenswerten Beweggründen und in angemessener Weise den Übergang des Familienvermögens in fremde Hände verhindern, nicht aber auf die Entscheidungsfreiheit*“ eines Heiratswilligen einwirken wollen.

c) Stellungnahme

Der BGH betont das Erfordernis der Interessenabwägung bei kollidierender Ausübung von Freiheitsrechten. Im Gegensatz zu den vorstehend besprochenen Entscheidungen wird aber nicht die grundsätzliche Verwerflichkeit der Inaussichtstellung von materiellen Vorteilen für eine bestimmte höchstpersönliche Entscheidung festgestellt. Vielmehr wird zunächst darauf abgestellt, dass der mit der Klausel verfolgte Zweck, die Bindung des Familienvermögens an Familienmitglieder, moralisch unbedenklich sei. Des Weiteren seien die Konsequenzen für die Betroffenen unbeachtlich, zumal sie ohnehin nur ererbtes Vermögen im Falle der Wiederheirat verlören.

In letzterem Argument schwingt deutlich eine mit Art. 14 GG nicht zu vereinbarende Geringschätzung für ererbtes Vermögen mit. Diesen Gedanken zur Begründung der Zumutbarkeit eines Vermögensnachteils heranzuziehen, erscheint daher mehr als fragwürdig. Unglücklicherweise stellt der BGH lediglich fest, dass die grundsätzliche Zulässigkeit von Wiederverheiratungsklauseln in letztwilligen Verfügungen bis dato von niemandem grundsätzlich bezweifelt worden sei und nimmt dies nicht zum Anlass, zu diesem Thema ausführlicher Stellung zu beziehen.

8. KG: Vereinbarung der Gütertrennung im Heiratsfall[156]

a) Untersuchungsrelevanter Sachverhalt

Der Erblasser hatte in seinem eigenhändigen Testament seinen Sohn und seine Tochter jeweils zur Hälfte zu Alleinerben eingesetzt. Hinsichtlich seines Sohnes traf er noch folgende Anordnung:

> „*Da mein Nachlaß hauptsächlich aus Arbeit und Kapital des selbständigen Unternehmertums herrührt und deshalb unter allen Umständen die Gefahr einer finanziellen Ausblutung der Firmen, an denen ich maßgeblich beteiligt bin, ausgeschlossen sein soll, gelten die meinem Sohn gemachten letztwilligen Zuwendungen nur als unter der Bedingung gemacht, daß mein Sohn im Falle seiner Verheiratung für die Dauer seiner Ehe im Güterstand der Gütertrennung lebt.*“

Das Nachlassgericht war in Folge der bedingten Einsetzung des Sohnes von einer Vor- und Nacherbschaft ausgegangen und hatte einen anderslautenden Erbscheinsantrag des Sohnes abgelehnt. Der Sohn war zum Zeitpunkt der Klageerhebung ledig.

156 KG, Beschluss vom 04.04.1968 – 1 W 354/68, FamRZ 68, 334 ff.

b) Entscheidungsgründe

Das KG erblickt zwar in vorstehender Anordnung eine ausgesprochene Bedingung, versagt ihr aber die Bedeutung einer auflösenden Bedingung i.S.d. § 2075 BGB. § 2075 BGB gelte lediglich für Bedingungen, die „*ein Tun oder Unterlassen vorschreiben, das lediglich in der Willkür des Bedachten*" liege. Es müsse sich um „*echte Potestativbedingungen handeln, deren Eintritt von der Mitwirkung eines Dritten unabhängig*" sei. Daran fehle es hier. Der Güterstand der Gütertrennung könne nur durch Vertrag begründet werden, so dass der Eintritt der Bedingung auch vom Willen der Ehefrau des Erben abhänge. Für die Anwendung des § 2075 BGB sei daher „*kein Raum*". Vielmehr sei der Weg zu einer „*freien Auslegung*" des Testaments eröffnet. Bei der ausgesprochenen Bedingung handele es sich lediglich um eine „*aus Sorge um das hinterlassene Vermögen und aus den Erfahrungen aus der eigenen Ehe erklärbaren Empfehlung des Erblassers*". Dem stehe auch nicht entgegen, dass der Erblasser im übrigen Testamentstext Rechtsbegriffe korrekt verwandt habe, da der Begriff Bedingung „*auch außerhalb des juristischen Bereichs im Leben in den verschiedensten Bedeutungen gebraucht*" werde.

c) Stellungnahme

Die Entscheidung vermag nicht zu überzeugen. Das Gericht umgeht mit der Einordnung der Anordnung des Erblassers als rechtlich unbeachtliche Empfehlung des Erblassers die Frage, ob eine derartige Bedingung mit § 138 BGB vereinbar wäre.

Mit einer derartigen Argumentation wäre auch der BGH in seiner Entscheidung zur Rechtmäßigkeit der Bedingung der Ehescheidung[157] um die Beantwortung der Frage nach der Sittenwidrigkeit der Verfügung herumgekommen und die Entscheidung wäre anders ausgefallen. Auch die Ehescheidung hängt nicht alleine vom Willen des Bedachten ab, sondern bedarf letztendlich eines rechtskräftigen Scheidungsurteils, welches nur dann ergehen kann, wenn alle Voraussetzungen einer Ehescheidung vorliegen.

Die Einordnung von Wiederverheiratungsklauseln im Rahmen der sog. Einheitslösung als Anordnung einer auflösend bedingten Vollerbschaft, verbunden mit einer aufschiebend bedingten Vorerbschaft[158], ist mit der Argumentation des KG ebenfalls nicht in Einklang zu bringen, da auch eine Wiederverheiratung immer noch eine zweite heiratswillige Person voraussetzt.

---

157 BGH, Urteil vom 28.01.1956 – IV ZR 216/55, FamRZ 56, 130 ff.
158 Vgl. dazu oben B. III.3. f) iii).

Wäre das KG der Argumentation des BGH in seiner Entscheidung zur Rechtmäßigkeit der Bedingung der Ehescheidung[159] gefolgt, so hätte sie im vorliegenden Fall zu einer Zulässigkeit der Bedingung gelangen müssen, da dem Erblasser ein nachlassspezifisches berechtigtes Interesse an der Anordnung zur Seite stand. Das von ihm erwirtschaftete Vermögen sollte nicht im Rahmen einer möglichen Ehescheidung aufgezehrt werden bzw. auch im Falle einer intakten Ehe jedenfalls in der Familie des Erblassers verbleiben.

9. BGH: Kaptatorische Verfügung[160]

Nachstehender Entscheidung liegt keine bedingte Erbeinsetzung zugrunde. Der BGH nimmt aber im Rahmen einer Leistungsklage gerichtet auf Rückabwicklung eines Schenkungsvertrags auch zur Zulässigkeit der oben dargestellten kaptatorischen Verfügung Stellung.[161] Daher war diese Entscheidung mit in diese Darstellung aufzunehmen.

a) Untersuchungsrelevanter Sachverhalt

Die Klägerin schenkte ihren GmbH-Geschäftsanteil in Höhe von 14 000 DM dem Erblasser, in Höhe von 4000 DM der Beklagten, der Ehefrau des Erblassers. Der Erblasser hatte zuvor zugesagt, dass er in seinem Testament seine 3 Kinder zu gleichen Teilen als Erben einsetzen würde. Später setzte er jedoch entgegen dieser Aussage seine Ehefrau als Alleinerbin ein. Die Klägerin forderte die Rückabwicklung des Schenkungsvertrags und trug im Prozess vor, die Gleichstellung der 3 Kinder in einem noch abzuschließenden Erbvertrag zwischen dem Erblasser und der Beklagten sei Geschäftsgrundlage ihres Schenkungsversprechens gewesen, die nunmehr infolge des Testamentes des Erblassers entfallen sei. Die Klägerin begehrte daher die Rückübertragung ihrer GmbH-Geschäftsanteile.

b) Entscheidungsgründe

Der BGH hat hier die Zusage, eine bestimmte Verfügung von Todes wegen zu errichten, nicht als Verstoß gegen § 2302 BGB gewertet. Dass eine Partei eine bestimmte Verfügung von Todes wegen errichte, könne aber Geschäftsgrundlage eines Vertrags sein. Im Falle ihres Wegfalls müsse dies nach § 242 BGB Konsequenzen haben.

---

159 BGH, Urteil vom 28.01.1956 – IV ZR 216/55, FamRZ 56, 130 ff.

160 BGH, Urteil vom 09.02.1977 – IV ZR 201/75, NJW 77, 950 ff.

161 vgl. oben B. III 2. a).

Im Übrigen führt der BGH aus, eine unzulässige Beschränkung der Testierfreiheit liege auch dann nicht vor, *„wenn eine Person sich eine Zuwendung machen ließe unter der auflösenden Bedingung, daß sie ihrerseits den Zuwendenden oder einen Dritten durch Verfügung von Todes wegen*" bedenke. Es stehe dann *„im freien Belieben des Empfängers der Zuwendung, ob er diese Bedingung erfüllen und die Zuwendung behalten will. Er ist hinsichtlich der Errichtung seiner Verfügung von Todes wegen keine Bindung eingegangen."*

c) Stellungnahme

Der BGH betont, dass der Erbe durch eine bedingte Erbeinsetzung keinem Zwang ausgesetzt wird. Durch die Anordnung einer Bedingung wird der Bedachte rechtlich nicht gebunden. Seine Testierfreiheit wird also nicht eingeschränkt. Aus der fehlenden Bindungswirkung wird somit auf die generelle Zulässigkeit einer solchen Klausel geschlossen. Auf die Frage, ob eine derartige Bedingung gegen § 138 BGB verstoßen könne, z.B. weil sie möglicherweise dazu geeignet ist, den Bedachten in einem Bereich höchstpersönlicher Entscheidung zu beeinflussen, geht der BGH nicht ein.

10. OLG Düsseldorf: Dauertestamentsvollstreckung bis zum Austritt aus Sekte[162]

Auch der nachstehenden Entscheidung liegt keine bedingte Erbeinsetzung zu Grunde. Wegen der inhaltlichen Ähnlichkeit der durch den Eintritt eines bestimmten Ereignisses befristeten Anordnung der Dauertestamentsvollstreckung, welche dem Erben das Verfügungsrecht über den Nachlass weitestgehend entzieht, mit einer aufschiebend bedingten Erbeinsetzung, war diese Entscheidung in diese Darstellung ebenfalls aufzunehmen.

a) Untersuchungsrelevanter Sachverhalt

Die Erblasserin hinterließ ein privatschriftliches Testament. In diesem ordnete sie Testamentsvollstreckung an. Darüber hinaus verfügte sie Folgendes:

> *„Zu den besonderen Aufgaben des Testamentsvollstreckers gehört es, die Beteiligung meiner Tochter E am Nachlaß und alle ihr aus dem Nachlaß zustehenden Vermögenswerte zu verwalten, solange E einer religiösen, pseudoreligiösen oder wissenschaftlichen Sekte angehört oder einer solchen ihren Interessen und Zielen eng verbunden ist und nicht mit großer Wahrscheinlichkeit ausgeschlossen werden kann, daß sie ihr aus meinem*

162 OLG Düsseldorf, Beschluss vom 02.03.1988, Az: 3 Wx 290/87, NJW 88, 2615 ff.

Nachlaß zustehenden Vermögenswerte einer solchen Sekte durch Verfügung unter Lebenden oder von Todes wegen zuwendet. Die Beteiligung meiner Tochter E am Nachlaß soll in erster Linie dazu verwandt werden, ihr und ihrer Familie einen angemessenen Lebensunterhalt zu gewähren. Im übrigen soll sie meiner Tochter für die Zeit erhalten bleiben, nachdem sie sich von jeder Sekte im obigen Sinne äußerlich und innerlich gelöst hat.“

Die Tochter legte gegen die Erteilung eins Testamentsvollstreckerzeugnisses Beschwerde ein.

b) Entscheidungsgründe

Die Anordnung der Testamentsvollstreckung bis zum Austritt aus der Sekte verstoße nicht gegen § 138 BGB und sei daher wirksam. Den von den Vorinstanzen zur Bejahung einer Sittenwidrigkeit herangezogenen Entscheidungen des RG, des BayObLG und des OLG Rostock[163] lasse sich ein allgemeines Verbot, Erben nicht durch Gewährung von Vermögensvorteilen zu einem Verhalten zu veranlassen, welches durch die Gewährung solcher Vorteile nicht erreicht werden dürfe, nicht entnehmen. Im Übrigen seien diese Entscheidungen auch unter anderen Gesellschaftsordnungen ergangen und daher ohnehin „*vorsichtig*“ anzuwenden. Darüber hinaus beträfen die Entscheidungen des OLG Rostock und des BayObLG Bestimmungen der *Lex Iulia et Papia Poppaea* und seien schon deswegen nicht auf den zu entscheidenden Sachverhalt übertragbar. Einer „*pauschalen Verallgemeinerung [...], es widerspreche den guten Sitten, die Gewissensfreiheit (Art. 4 I des GG) durch Inaussichtstellen materieller Vorteile oder Nachteile zu beeinflussen*“, wie sie vom LG vertreten würde, könne sich das OLG nicht anschließen.

Die Anordnung der Erblasserin müsse vielmehr im „*Spannungsfeld zwischen der Testierfreiheit des Erblassers und den Grundvorstellungen der Gemeinschaft von dem Recht des Bedachten auf freie Entfaltung seiner Persönlichkeit gesehen werden*“. Der Erblasser treffe in der letztwilligen Verfügung eine Entscheidung über das Schicksal des materiellen Ergebnisses seiner Lebensleistung. Dieser Freiheit sei durch den deutschen Gesetzgeber nur durch das Pflichtteilsrecht eine Grenze gesetzt. Diese Grenze sei dadurch, dass den Berechtigten im Gegensatz zur zwingend vorgeschriebenen dinglichen Nachlassbeteiligung, wie sie in den Rechtsordnungen anderer Länder anzutreffen sei, nur ein schuldrechtlicher Anspruch in Höhe der Hälfte des gesetzlichen Erbteils zugestanden wird, weit gefasst. Auch die nächsten Angehörigen könnten nach dem Werturteil des Gesetzgebers nicht mehr als diese „*schuldrechtliche Minimalposition*“ erwarten. Da die Bedachte gem. § 2306 BGB durch Ausschlagung der durch die Anordnung der

---

163 Vgl. dazu oben C. I 1. bis 3.

Testamentsvollstreckung belasteten Erbschaft ihren Pflichtteil verlangen könne, stelle sich die Frage, „*wann es – gemessen an den Grundvorstellungen von einem geordneten Gemeinschaftsleben in einem sozialen Rechtsstaat, als den sich die Bundesrepublik Deutschland versteht – zu mißbilligen ist, daß der Erblasser einem nahen Angehörigen eine bessere Stellung als die eines Pflichtteilsberechtigten versagt.*"

Diese Frage könne „*allein durch eine Bewertung der für den Erblasser maßgebenden Beweggründe*" beantwortet werden. Daraus ergebe sich, dass eine allgemeine Missbilligung nur dann angenommen werden könne, wenn der Bedachte eine bessere Rechtstellung „*nach dem Inhalt der letztwilligen Verfügung vom Bedachten nur um den Preis einer Verkürzung seines Persönlichkeitsrechtes*" erlangen könne, und es dem Erblasser vorrangig gerade darum gegangen sei. Erforderlich sei eine Absicht des Erblassers, die „*Entschließungsfreiheit eines Bedachten im Kernbereich der Entfaltung der Persönlichkeit zu beeinträchtigen.*" Von diesen (unzulässigen) Fällen seien aber Sachverhalte zu unterscheiden, in denen sich die Beeinträchtigung der Entschließungsfreiheit lediglich als Folge einer aus anderen Motiven getroffenen Anordnung darstelle, auch wenn sie sich gegenüber dem Betroffen, der darin eine unzumutbare Belastung erblickt, als eine faktische Herabsetzung auf den Pflichtteil darstellt.

Im zu entscheidenden Falle habe die Erblasserin gewichtige Beweggründe gehabt, die Erbenstellung von dem Austritt aus der Sekte abhängig zu machen, da sie um den Fortbestand ihres Unternehmens Sorge gehabt habe. Die Bedachte habe es im Übrigen in der Hand, die für sie untragbare Belastung der Testamentsvollstreckung zu umgehen, indem sie die Erbschaft ausschlage. Die damit einhergehende wirtschaftliche Schlechterstellung der Bedachten, die sie durch Ausschlagung der Erbschaft erfahren würde, könne dieser zugemutet werden.

c) Stellungnahme

Zunächst ist festzustellen, dass das OLG Düsseldorf in seiner Deutung der oben besprochenen Entscheidungen des RG, des BayObLG und des OLG Rostock fehlgeht. Der in Bezug genommenen Entscheidung des RG lässt sich ausweislich der oben aufgeführten Textnachweise sehr wohl, sogar ausdrücklich, eine allgemeine Aussage über die Zulässigkeit der versuchten Einflussnahme auf höchstpersönliche Entscheidungen durch Inaussichtstellung von Vermögensvorteilen entnehmen. Unzutreffend ist auch die Aussage des OLG, die Entscheidungen des BayObLG und des OLG Rostock seien zu den Bestimmungen der *Lex Iulia et Papia Poppaea* ergangen. Während das OLG Rostock die Frage, ob die Unzulässigkeit bereits aus der entsprechenden Anwendung römisch rechtlicher Grundsätze resultiere, ausdrücklich offen ließ, hat das BayObLG die Anwendung dieser Grundsätze sogar ausdrücklich verneint.

Bei der Auseinandersetzung mit früherer Rechtsprechung ist ebenfalls auffällig, dass das OLG die Entscheidung des BGH zur Zulässigkeit einer aufschiebend bedingten Erbeinsetzung unter der Bedingung der Ehescheidung unerwähnt lässt. Auch dieser Entscheidung ist der vom OLG in Abrede gestellte Grundsatz, wonach es den guten Sitten widerspreche, die Entscheidungsfreiheit der Bedachten in Fragen zu beeinträchtigen, „*die allein von ihrem freien sittlichen Entschluß abhängen und nicht mit Vermögensvorteilen verquickt werden sollten*", durchaus zu entnehmen.

Nach Ansicht des OLG ist allein maßgeblich, ob es dem Erblasser gerade darauf ankam, in die Freiheit der persönlichen Entfaltung der Bedachten im eigenen Interesse lenkend einzugreifen. Stellt sich die Beeinträchtigung lediglich als rein faktische Folge einer an sich von berechtigten Interessen getragenen Anordnung dar, so sei die Beeinträchtigung vom Bedachten grundsätzlich hinzunehmen. In diesem Fall stehe es dem Zuwendungsempfänger frei, das ihm Zugedachte auszuschlagen, sofern er sich durch die Anordnung des Erblassers unangemessen eingeschränkt sieht.

Unklar bleibt in der Argumentation des OLG allerdings, aus welchem Grund die Beantwortung der Frage, wann es zu missbilligen sei, dass der Erblasser einem nahen Angehörigen nur die Stellung eines Pflichtteilsberechtigten zubillige, nur anhand einer Analyse der Beweggründe des Erblassers erfolgen könne.

11. BayObLG: Konsentierte Ehe I[164]

a) Untersuchungsrelevanter Sachverhalt

Im Streit stand die Erbfolge in einem deutschen Fürstenhaus. U.a. war der Frage nachzugehen, ob eine Anordnung in einem aus dem Jahre 1925 stammenden Erbvertrag Bestand haben könne, wonach nur derjenige Erbe werden könne, der in einer dem Hausgesetz des Fürstenhauses entsprechenden Ehe lebte. Entscheidend für die Erfüllung der Voraussetzungen dieses Hausgesetzes war, ob der jeweilige Fürst der Eheschließung zugestimmt hatte oder nicht. Der Erblasser wollte durch diese Regelung erreichen, dass für den gesamten Nachlass eine einheitliche Nachfolgeregelung getroffen würde. Teile des Traditionsvermögens des Fürstenhauses waren zum Zeitpunkt der Errichtung des Erbvertrags einer Sonderrechtsnachfolge unterworfen, die sich nicht nach den Regeln des BGB richtete

164 BayObLG, Beschluss vom 03.09.1996, Az:1Z BR 41/95, FamRZ 97, 705 ff.

und bei denen vorgenanntes Hausgesetz noch unmittelbar zum Zwecke der Erbenbestimmung zur Anwendung kam. Andere Teile wiederum wurden nach den Vorschriften des BGB vererbt. Durch die zulässige, erbvertragliche Vereinbarung der Geltung des Hausgesetzes sollte ein Gleichlauf der erbvertraglichen Verfügung mit der teilweise noch bestehenden Gesetzeslage erzielt werden.[165]

Streit entbrannte zwischen den Söhnen eines Vorerben, von denen einer eine Ehe geschlossen hatte, zu der sich eine Zustimmung des Familienoberhauptes i.S.d. Hausgesetzes nicht nachweisen lies.

b) Entscheidungsgründe

Das BayObLG geht davon aus, dass maßgeblicher Zeitpunkt für die Beurteilung der Sittenwidrigkeit der Anordnung die rechtlichen und tatsächlichen Gegebenheiten im Jahre 1925 maßgeblich sein müssten. Auf dieser Grundlage sei eine Sittenwidrigkeit der Anordnung zu verneinen.

„*Das Recht des Erblassers und der übrigen Parteien des Erbvertrags, erbrechtliche Folgen an die Eingehung einer nicht konsentierten Ehe zu knüpfen,*" sei „*Ausfluß der Testierfreiheit des Bürgerlichen Gesetzbuchs, die auch i.J. 1925*" gegolten habe und „*gem. Art 154 I WRV schon damals verfassungsrechtlich gewährleistet*" gewesen sei, wenn auch nach damaligem Rechtsverständnis die Grundrechte als bloße Programmsätze verstanden worden seien. Bei der Frage der Inhaltskontrolle sei vom Grundsatz der Testierfreiheit auszugehen. Eine Einschränkung der Testierfreiheit durch die Inhaltskontrolle nach § 138 BGB komme im Anschluss an die Rechtsprechung des BGH nur dann in Betracht, wenn „*sich das Verdikt der Sittenwidrigkeit auf eine klare, deutlich umrissene Wertung des Gesetzgebers oder allgemeine Rechtsauffassung stützen*" könne. Dieser Grundsatz, der zwar auf Art. 14 GG fuße, sei auch für die Zeit vor Inkrafttreten des GG maßgeblich. Die Testierfreiheit diene „*in besonderem Maße der Verwirklichung der freien, auch von höchst subjektiven Überlegungen geprägten Entscheidung des einzelnen*". Der Erblasser solle dadurch auch davor geschützt werden, „*seine Vermögensnachfolge nach allgemeinen gesellschaftlichen Überzeugungen oder nach den Anschauungen der Mehrheit ausrichten zu müssen.*" Gesetzgeberische, auch verfassungsrechtliche Wertentscheidungen, welche zwar für hoheitliches Handeln verbindlich und auch im bürgerlichen Recht grundsätzlich bei der Auslegung von Gesetzen zu beachten seien, könnten im Rahmen des § 138 BGB nicht ohne weiteres die verfassungsrechtliche Testierfreiheit des Erblassers begrenzen. Die Testierfreiheit sei „*im Gegenteil zu-*

165 Vgl. dazu die Ausführungen des BayObLG, Beschluss vom 03.09.1996, Az:1Z BR 41/95, FamRZ 97, 705, 707.

nächst auch Freiheit von einer gesetzlich zugrunde gelegten allgemeinen Überzeugung.“

Eine klare gesetzgeberische Wertung im Hinblick auf die Heiratsklausel fehle. Im Übrigen habe die streitgegenständliche Heiratsklausel zum Zeitpunkt der Errichtung des Erbvertrags in weiten Teilen des Bundesgebiets sogar noch gesetzlicher Regelung in den Fideikommissauflösungsgesetzen entsprochen.[166] Was aber vom Gesetzgeber als unmittelbar rechtlich bindend angesehen werde, könne nicht gleichzeitig wegen Sittenverstoßes nichtig sein. Die Eheschließungsfreiheit sei im Jahre 1925 außerdem noch nicht in dem Sinne verfassungsrechtlich gewährleistet gewesen, dass *„sämtliche Einrichtungen und Sätze des geltenden Eherechts“* Verfassungsrang erhalten hätten.[167] Des Weiteren beeinflusse die Heiratsklausel die Eheschließungsfreiheit des Bedachten auch nur mittelbar, da sie lediglich vermögensrechtliche Folgen an die Ausübung knüpfe, nicht aber das Eingehen oder das Unterlassen einer Ehe erzwinge.

Auch wenn in Rechtsprechung und Schrifttum ähnliche Klauseln bisher als unwirksam angesehen worden seien, so sei die Entscheidung über die Sittenwidrigkeit einer Klausel stets nur anhand einer Analyse der Umstände des Einzelfalls zu treffen. Dem Motiv des Erblassers käme *„erhebliche Bedeutung zu“*. Eine sittenwidrige Klausel müsse stets *„von einer missbilligenswerten Gesinnung des Erblassers getragen sein“*. Eine solche sei aber nicht zu erkennen. Dem Erblasser sei es darum gegangen, eine einheitliche Rechtsnachfolge anzuordnen, so dass nicht einzelne Teile des Hausguts unterschiedlichen Sukzessionsregelungen unterworfen sein würden. Dazu war die vertragliche *„Inkorporation der Heiratsklausel“* geboten. Der darin liegende Eingriff in das Persönlichkeitsrecht eines möglichen Erben sei weder bestimmendes Motiv noch vorrangiger Beweggrund des Erblassers gewesen.

Die Heiratsklausel könne selbst nach heutigen Maßstäben nicht als sittenwidrig angesehen werden. Jedenfalls im Rahmen von letztwilligen Verfügungen, die vor Inkrafttreten des Grundgesetzes errichtet worden seien, sei dem Grundsatz

---

166 Gesetz über das Erlöschen der Familienfideikommisse und sonstiger gebundener Vermögen vom 06.07.1938 (FidErlG RGBl.825) Familienfideikommisse waren rechtlich gebundene Sondervermögen, die dem Zweck dienten, das Vermögen der Familie dauerhaft zu erhalten. Der jeweilige Inhaber des Sondervermögens war in seiner Veräußerungs- und Belastungsmacht begrenzt. Die Rechtsnachfolge richtete sich nach einer durch den Kommissstifter bestimmten Folgeordnung, nicht nach den Regeln des BGB. Gegenstück zum Fideikommiss bildete das Eigenvermögen des jeweiligen Inhabers des Fideikommisses, das sog. Allod, über das frei verfügt wurde und das nach den Regeln des BGB vererbt wurde. Vgl. dazu Mayer, in: Staudinger, 13. Aufl. (Bearbeitung 1998) Art.59 EGBGB Rn. 9 ff.

167 Unter Berufung auf *Anschütz*, Die Verfassung des Deutschen Reichs, 14.Aufl. (1933) S. 559.

der Testierfreiheit aus Gründen des Vertrauensschutzes der Vorrang vor der Eheschließungsfreiheit einzuräumen, auch wenn letztere nunmehr auch verfassungsrechtlichen Schutz genieße.

c) Stellungnahme

Die Entscheidung stellt wie die Entscheidungen des BGH und des OLG Düsseldorf auf die subjektive Einstellung des Erblassers ab: Ist eine Beeinträchtigung der Rechte des Bedachten faktische Folge einer letztwilligen Verfügung, so ist eine Sittenwidrigkeit der Regelung dann zu verneinen, wenn die Anordnung von billigenswerten Motiven getragen oder zur Erreichung des Erblasserwillens zwingend notwendig ist.

Auffällig ist, dass der erkennende Senat den Aspekt der Verwirklichung der persönlichen Freiheit des Erblassers durch die Testierfreiheit und den Schutz des Erblassers vor den Überzeugungen der Mehrheit zunächst in den Vordergrund der Argumentation stellt. Letztendlich wird die Entscheidung aber im Ergebnis darauf gestützt, dass eine der Anordnung des Erblassers entgegenstehende Auffassung der Mehrheit zum damaligen Zeitpunkt überhaupt nicht vorgelegen habe, da der Bedachte nur mittelbar betroffen sei und die Eheschließungsfreiheit ohnehin zum damaligen Zeitpunkt nicht verfassungsrechtlich garantiert gewesen sei. Außerdem habe die Heiratsklausel teilweise noch geltendem Recht entsprochen und im Übrigen habe der Erblasser ein durchaus billigenswertes Ziel verfolgt. Der für die Testierfreiheit angenommene Schutz des Einzelnen vor der Meinung der Mehrheit wird vom Senat daher für die Entscheidung gerade nicht fruchtbar gemacht.

Der Verweis auf die Ausführungen von *Anschütz*[168] zum fehlenden verfassungsrechtlichen Schutz der Eheschließungsfreiheit erscheinen im Übrigen gewagt. Der Autor wird insoweit richtig zitiert, als dass er ausführt, durch Art.119 I WRV würden nicht sämtlichen Einrichtungen und Sätzen des Eherechts Verfassungsrang verliehen, allerdings gibt derselbe gleichsam zu verstehen, dass eine Abschaffung fundamentaler Eheprinzipien, wie der auf Lebenszeit geschlossenen Ehe oder der Pflicht der Ehegatten zur Lebensgemeinschaft, unzulässig sei.[169] Es erscheint daher äußerst fraglich, ob der zitierte Autor dem Grundsatz der Eheschließungsfreiheit jegliche verfassungsrechtliche Sicherung abgesprochen hätte.

Lediglich ein Scheinargument ist es auch, wenn der Senat die Behauptung aufstellt, die Heiratsklausel widerspreche nicht heutigen Wertvorstellungen, da sie zum Zeitpunkt der Errichtung nicht zu beanstanden gewesen sei und jetzt aus

---

168 *Anschütz*, Die Verfassung des Deutschen Reichs, 14.Aufl. (1933) S. 559.
169 *Anschütz*, Die Verfassung des Deutschen Reichs, 14.Aufl. (1933) S. 559.

Gründen des Vertrauensschutzes nicht anders beurteilt werden dürfe. Mit diesem Argument lässt sich eine Konformität der Klausel mit heutigen Wertvorstellungen nicht erklären. Das Gegenteil ist der Fall: Wenn die Anordnung nur unter Zuhilfenahme des Vertrauensschutzgrundsatzes als rechtmäßig anerkannt werden kann, dann folgt daraus, dass sie aus heutiger Sicht eigentlich unzulässig wäre. Vertrauensschutz besteht nämlich nur im Hinblick auf eine Regelung, die zu einem früheren Zeitpunkt einmal rechtmäßig war, dies aber infolge einer anderen rechtlichen Bewertung zum heutigen Zeitpunkt nicht mehr ist.

12. BGH: Standesgemäße Herkunft bzw. standesgemäße Ehe[170]

a) Untersuchungsrelevanter Sachverhalt

Der Erblasser, der ehemalige deutsche Kronprinzen *Wilhelm von Preußen,* hatte sechs Kinder. 1938 schloss der Erblasser u.a. mit seinem zweiten Sohn, *Prinz Louis Ferdinand,* einen Erbvertrag, in dem es u.a. hieß:

> *„§ 1. Der Kronprinz setzt seinen zweiten Sohn, Prinz Louis Ferdinand, zum alleinigen Erben ein. Er soll Vorerbe sein. Nacherbe nach ihm sollen die in § 2 genannten weiteren Abkömmlinge im Mannesstamme des Kronprinzen sein. Ihre Berufung erfolgt in der dort angegebenen Reihenfolge mit der Maßgabe, daß immer nur einer nach den Grundsätzen der Erstgeburtsfolge und der Erbfolge nach Stämmen Erbe wird. Die Nacherbschaft soll solange dauern, als das Gesetz (§ 2109 BGB) es zuläßt. Erbe kann nicht sein (erbunfähig ist), wer nach den Feststellungen des Schiedsgerichts (§ 10) nicht aus einer den Grundsätzen der alten Hausverfassung des Brandenburgisch-Preußischen Hauses entsprechenden Ehe stammt oder in einer nicht hausverfassungsmäßigen Ehe lebt [...]“*

Nach dem Tod des Vorerben beantragte dessen Sohn einen Erbschein, der ihn zum Alleinerben auswies, da die Brüder des Vorerben nicht in hausgemäßer Ehe lebten und damit von der Erbfolge ausgeschlossen seien.

b) Entscheidungsgründe

Die Erbunfähigkeitsklausel verstoße nicht gegen § 138 BGB. Dies gelte sowohl für den Zeitpunkt ihrer Errichtung als auch für den Zeitpunkt des (Nach-)Erbfalls.

Das Erbrecht des BGB werde vom Grundsatz der Testierfreiheit beherrscht, der unter dem Schutz von Art. 14 I 1 GG stehe und es dem Erblasser gestatte, nach freiem Ermessen über sein Vermögen zu verfügen. Diese Freiheit sei allerdings nicht unbeschränkt. Das Erbrecht setze gegen *„allgemein als unangemes-*

170 BGH, Beschluss vom 02.12.1998 – IV ZB 19-97, NJW 99, 566 ff.

sen empfundene Verfügungen von Todes wegen eine Schranke mit den Vorschriften des Pflichtteilsrechts". Diese sei sozialstaatlich und durch Art. 6 GG legitimiert und sichere den nächsten Angehörigen des Erblassers einen Mindestanteil an seinem Vermögen. Daneben bildeten die Regelungen der §§ 134, 138 BGB noch weitere Schranken der Testierfreiheit. Für ein Verständnis dessen, was heute unter „guten Sitten" i.S. von § 138 I BGB zu verstehen sei, sei die Wertordnung des Grundgesetzes wesentliches Auslegungskriterium. § 138 BGB berechtige den Richter dabei allerdings nicht, „*die Auswirkungen einer vom Erblasser getroffenen Verfügung von Todes wegen an seinen eigenen Gerechtigkeitsvorstellungen zu messen und den Willen des Erblassers danach zu korrigieren.*" Eine zur Nichtigkeit der Verfügung führende Sittenwidrigkeit könne nur „*in besonders schwerwiegenden Ausnahmefällen*" angenommen werden.

Anliegen des Erblassers sei es gewesen, das Hausvermögen in die Hände eines Rechtsnachfolgers zu legen, der die besonderen Traditionen des Hauses wahren würde. Dieses Ziel habe durch erbvertragliche Regelung erreicht werden sollen, nachdem Familienfideikommisse, Hausvermögen und sonstige gebundene Vermögen durch Gesetz abgeschafft worden waren.[171]

Das *OLG* nehme zwar zu Recht an, dass die Erbunwürdigkeitsklausel auch im Hinblick auf bestehende Pflichtteilsrechte grundsätzlich geeignet sei, die Entscheidungsfreiheit potentieller Erben bei der Wahl eines Ehepartners zu beeinflussen. Daraus folge aber nicht schon die Nichtigkeit der Klausel.

Art. 6 I GG schütze grundsätzlich auch die freie Wahl des Ehepartners Einem schwereren Eingriff in diesen „*grundrechtlich gesicherten Bereich höchstpersönlicher Entscheidungen durch eine letztwillige Verfügung, die darauf abzielt, die freie Wahl des Ehepartners des Bedachten zu beeinträchtigen*", komme für die Frage nach der Wirksamkeit der letztwilligen Verfügung grundsätzlich rechtliche Bedeutung zu. Der vorliegende Fall nötige „*aber nicht zu bestimmen, wo die Grenze verläuft, jenseits derer einer letztwilligen Verfügung wegen einer solchen Beeinträchtigung ausnahmsweise sittenwidriger Charakter beigemessen*" werden müsse, denn ein solcher Eingriff in die Eheschließungsfreiheit sei im zu entscheidenden Falle nicht festzustellen. Es sei nicht bestimmbar, inwieweit mögliche Rechtsnachfolger überhaupt durch diese Klausel beeinträchtigt worden seien. Es liege „*jedenfalls nicht auf der Hand, daß einer von ihnen bei der Wahl seiner Ehefrau gewissermaßen mit Hilfe der Erbunfähigkeitsklausel zu kaufen*" gewesen sein könnte. Die Klausel wirke sich ohnehin zunächst nur auf den ältesten Sohn des Vorerben aus. Darüber hinaus sei der Zeitpunkt der Nacherbfolge entscheidend, also der Zeitpunkt des Todes des Vorerben; zu diesem Zeit-

171 Gesetz über das Erlöschen der Familienfideikommisse und sonstiger gebundener Vermögen vom 06.07.1938 (FidErlG RGBl.825).

punkt müsse ein möglicher Rechtsnachfolger *„noch nicht einmal Heiratspläne haben*".

Im Übrigen habe die in der Erbunwürdigkeitsklausel enthaltene Diskriminierung nicht ebenbürtiger Nachkommen ein viel höheres Gewicht als eine mögliche Beeinträchtigung der Eheschließungsfreiheit. Auch diese Wirkung mache die Klausel gleichwohl nicht unwirksam. Art. 3 GG sei bei der Beurteilung der zivilrechtlichen Wirksamkeit einer letztwilligen Verfügung im Rahmen des § 138 BGB nicht unmittelbar anwendbar, sondern lediglich als wesentlicher Teil der mit den Grundrechten beschriebenen Wertordnung des Grundgesetzes zu beachten, bei der aber auch die grundgesetzlich geschützte Testierfreiheit des Erblassers angemessen gewürdigt werden müsse. Eine willkürlich erscheinende Differenzierung des Erblassers könne Ausdruck seiner Testierfreiheit sein. Eine solche, an sich nicht mit Art.3 GG vereinbare Ungleichbehandlung, sei insbesondere dann nicht sittenwidrig, wenn der Erblasser von der Testierfreiheit gedeckte Ziele verfolge. Dies könne nur dann anders gesehen werden, wenn die Verfügung subjektiv darauf gerichtet und objektiv geeignet sei, *„den Betroffenen wegen des Merkmals, an das die Differenzierung anknüpft, nachhaltig in seiner Würde herabzusetzen.*"

Der Erblasser habe mit der Regelung nicht beabsichtigt, die – im Übrigen noch nicht einmal geborenen Söhne – des Vorerben bei der Auswahl ihrer späteren Ehepartner unter Druck zu setzen bzw. mögliche Söhne aus nicht ebenbürtigen Ehen herabzuwürdigen. Vielmehr sei es ihm darum gegangen, *„für den mindestens zum Teil aus früheren Generationen stammenden und durch die Familientradition geprägten Nachlaß einen Nachfolger zu finden, der die auf Abstammung bedachte Tradition der Familie repräsentierte und deshalb geeignet erschien, den Nachlaß im Sinne des Erblassers und seiner Vorfahren fortzuführen.*" Der Verwirklichung gerade dieser Intention des Erblassers, denjenigen als Erben auszuwählen, der ihm am besten geeignet erscheint, den Nachlass im Sinne des Erblassers fortzuführen, diene aber seit jeher die verfassungsrechtlich verbürgte Testierfreiheit. Im Übrigen bleibe den durch die Erbunwürdigkeitsklausel ausgeschlossenen Abkömmlingen stets der Anspruch auf Geltendmachung des gesetzlichen Pflichtteilsrechts.

c) Stellungnahme

Der BGH bleibt in dieser Entscheidung seiner bereits in der besprochenen Entscheidung zur Zulässigkeit einer Bedingung über die Ehescheidung aufgestellten Linie treu, wonach eine Beeinträchtigung der Rechte des Bedachten, die faktische Folge einer letztwilligen Verfügung ist, stets dann hinzunehmen sei, wenn die Anordnung von billigenswerten Motiven getragen zur Erreichung des Erblasserwillens zwingend notwendig ist.

Der BGH verneint im konkreten Fall aber bereits das Vorliegen einer relevanten Beeinträchtigung der Eheschließungsfreiheit des Bedachten und lässt ausdrücklich offen, wo *„die Grenze verläuft, jenseits derer einer letztwilligen Verfügung wegen einer solchen Beeinträchtigung ausnahmsweise sittenwidriger Charakter beigemessen"* werden muss. Entscheidend für die Verneinung der rechtlichen Wirksamkeit einer letztwilligen Verfügung ist daher in jedem Fall das Vorliegen einer tatsächlichen Beeinträchtigung der Erben in konkreten Entscheidungen. Die bloße Möglichkeit der Beschneidung der Entscheidungsfreiheit der Adressaten oder die alleinige Geeignetheit einer Klausel, die Bedachten in ihren Entscheidungen zu beeinflussen, reicht dagegen für sich alleine nicht aus.

13. BVerfG: Konsentierte Ehe II[172]

a) Untersuchungsrelevanter Sachverhalt

Die Entscheidung des BVerfG ist zu der oben besprochenen Entscheidung des BayObLG[173] und zu einer weiteren Entscheidung des BayObLG zum gleichen Sachverhalt ergangen, in der es nicht mehr um die Sittenwidrigkeit der Heiratsklausel, sondern um die Frage der Treuwidrigkeit der verweigerten Zustimmung des Fürsten zu einer Eheschließung eines Abkömmlings gegangen war. In letzterer Entscheidung hatte das BayObLG auch die Treuwidrigkeit des verweigerten Konsens verneint.[174]

b) Entscheidungsgründe

Die Verfassungsbeschwerde wurde nicht zur Entscheidung angenommen, da die Entscheidungen des BayObLG im Hinblick auf den vom BVerfG anzulegenden Prüfungsmaßstab, wonach das BVerfG die Auslegung und Anwendung des einfachen Rechts grundsätzlich nicht nachzuprüfen hat und eine Korrektur der Entscheidungen nur dann zulässig ist, *„wenn die Entscheidung Auslegungsfehler erkennen lässt, die auf einer grundsätzlich unrichtigen Auffassung von der Bedeutung eines Grundrechts, insbesondere vom Umfang seines Schutzbereichs, beruhen und auch in ihrer materiellen Bedeutung für den konkreten Rechtsfall von*

172 BVerfG, Beschluss vom 21.02.2000 – 1 BvR 1937/97, NJW 00, 2495 ff.
173 BayObLG, Beschluss vom 03.09.1996 – 1Z BR 41/95, FamRZ 97, 705 ff.
174 BayObLG, Beschluss vom 4. 8. 1999 – 1Z BR 187/97, FamRZ 00, 380 ff.

einigem Gewicht sind", nicht zu beanstanden seien. Das BayObLG habe die widerstreitenden Grundrechtspositionen erkannt und vertretbar gegeneinander abgewogen.

Ausgangspunkt müsse die Testierfreiheit des Erblassers als bestimmendes Element der von Art. 14 Abs. 1 Satz 1 GG geschützten Erbrechtsgarantie sein. Das BayObLG gehe dabei auch richtigerweise davon aus, die Testierfreiheit umfasse „*die Freiheit, die Vermögensnachfolge nicht an den allgemeinen gesellschaftlichen Überzeugungen oder den Anschauungen der Mehrheit ausrichten zu müssen.*" Der Testierfreiheit stehe im Rahmen der Abwägung die ebenfalls grundgesetzlich gewährleistete Eheschließungsfreiheit der möglichen Erben gegenüber. Diese Freiheit würde durch die Heiratsklausel zwar in der Tat beeinflusst. Dieser Einfluss sei allerdings lediglich ein mittelbarer. Die „*maßgebliche Beeinträchtigung der Eheschließungsfreiheit liegt somit nicht bereits unmittelbar in dem Erbvertrag aus dem Jahre 1925, sondern realisiert sich erst in der konkreten Verweigerung der Zustimmung durch das Familienoberhaupt (bzw. das Schiedsgericht) zu einer bestimmten Ehe in Ausübung der durch den Erbvertrag in Verbindung mit dem Hausgesetz eingeräumten Befugnis.*" Auch im Hinblick auf die verweigerte Zustimmung zur Eheschließung sei ein Abwägungsfehler nicht feststellbar. Der um seine Zustimmung ersuchte 7. Fürst habe „*im Sinne der Familientradition der Verwirklichung des in dem Erbvertrag niedergelegten Willens des Erblassers, des 5. Fürsten*" gehandelt. Seine Entscheidung sei daher Ausfluss der Testierfreiheit des Erblassers. Das BayObLG habe alle besonderen Umstände in die Abwägung der Grundrechtspositionen der Testierfreiheit und der Eheschließungsfreiheit eingestellt, wobei das gefundene Ergebnis eine „*grundsätzlich unrichtige Auffassung von der Bedeutung der Grundrechte*" nicht erkennen lasse.

c) Stellungnahme

Mit dieser Entscheidung hat das BVerfG zu verstehen gegeben, dass ein grundsätzlicher Vorrang eines der betroffenen Grundrechte vor dem anderen nicht besteht und die Abwägung, welchem Grundrecht der Vorzug zu geben ist, stets die Umstände des Einzelfalls zu berücksichtigen hat.

14. BVerfG: Standesgemäße Herkunft bzw. standesgemäße Ehe[175]

a) Untersuchungsrelevanter Sachverhalt

Die Entscheidung des BVerfG erging zum Sachverhalt der oben dargestellten Entscheidung des BGH zur Erbfolge im Hause Hohenzollern.[176]

b) Entscheidungsgründe

Das BVerfG hob die Entscheidung des BGH auf, da sie einer verfassungsrechtlichen Überprüfung nicht standhalte. Der BGH habe den Bedeutungsgehalt des Grundrechts der Eheschließungsfreiheit möglicher Bedachter nicht ausreichend gewürdigt, insbesondere nicht alle in Betracht kommenden Umstände in die Abwägung einbezogen, die auf die Freiheit, die Ehe mit einem selbst gewählten Partner einzugehen, einwirken konnten. Die Eingriffsmöglichkeiten des BVerfG seien nicht starr und gleichbleibend zu ziehen. Vielmehr müsse ein Beurteilungsspielraum verbleiben, der die Berücksichtigung der Umstände des Einzelfalls möglich mache. Von Bedeutung sei dabei *„namentlich die Intensität der Grundrechtsbeeinträchtigung: Je mehr eine zivilgerichtliche Entscheidung grundrechtsgeschützte Voraussetzungen freiheitlicher Existenz und Betätigung“* verkürze, *„desto eingehender muss die verfassungsgerichtliche Prüfung sein, ob eine solche Verkürzung verfassungsrechtlich gerechtfertigt“* sei.

In der Sache sei zunächst vom Grundsatz der Testierfreiheit auszugehen. Dem Erblasser werde damit ein Instrument an die Hand gegeben, die Erbfolge durch Verfügung von Todes wegen weitgehend nach seinen persönlichen Wünschen und Vorstellungen zu regeln. Eine Gleichbehandlung seiner Abkömmlinge sei verfassungsrechtlich nicht geboten. Auch müsse der Erblasser die Vermögensnachfolge nicht an den allgemeinen gesellschaftlichen Überzeugungen oder den Anschauungen der Mehrheit ausrichten. Dieser Freiheit stehe die Eheschließungsfreiheit des Bedachten gegenüber. Die Ebenbürtigkeitsklausel sei geeignet, mittelbaren Einfluss auf die Eheschließungsfreiheit der als Nacherben eingesetzten Abkömmlinge des Erblassers zu nehmen. Dadurch, dass mit der Eingehung oder Führung einer nicht hausverfassungsmäßigen Ehe der Verlust der Erbenfähigkeit verknüpft werde, müssten sich mögliche Erben entscheiden, ob sie die Eheschließung unterlassen oder eine solche Ehe eingehen und damit ihre Position als Nacherbe verlieren. Der Eingriff dauere damit auch im Falle einer Eheschließung fort, die nicht der Hausverfassung entspreche, da auch ein Druck ausgeübt

175 BVerfG, Beschluss vom 22.03.2004 – 1 BvR 2248/01, NJW 04, 2008 ff.
176 BGH, Beschluss vom 02.12.1998 – IV ZB 19/97, NJW 99, 566 ff.

werde, eine solche Ehe gegebenenfalls wieder zu lösen, um nicht von der Erbfolge ausgeschlossen zu werden. Die Ehe sei aber durch Art. 6 Abs. 1 GG als grundsätzlich unauflösliche Lebensgemeinschaft geschützt. Zwar habe sich der BGH mit der Frage, ob die Ebenbürtigkeitsklausel gegen §§ 138, 242 BGB verstoße, durchaus auseinander gesetzt, das gefundene Abwägungsergebnis genüge aber „*nicht den verfassungsrechtlichen Anforderungen an eine umfassende Abwägung unter Berücksichtigung der besonderen Umstände des Einzelfalls.*“

Es sei nicht hinreichend geprüft worden, ob die Ebenbürtigkeitsklausel geeignet war, auf den Bedachten „*einen für diesen unzumutbaren Druck bei der Eingehung einer Ehe zu erzeugen.*“ Auch habe der BGH die Frage danach, „*ob der Wert des Nachlasses geeignet war, unter Berücksichtigung der Lebensführung und der sonstigen Vermögensverhältnisse des Beschwerdeführers dessen Entschließungsfreiheit bei Eingehung der Ehe nachhaltig zu beeinflussen*“, nicht ausreichend in die Abwägung mit einbezogen. Der Sachverhalt habe konkrete Anhaltspunkte dafür enthalten, dass der Bedachte, um bei seiner Entscheidung über die Eingehung einer Ehe den Anforderungen der Hausverfassung zu genügen, „*keine effektiven Auswahlmöglichkeiten im Hinblick auf seine Partnerin hatte*“. Es habe eine Prüfung nahe gelegen, ob überhaupt eine hinreichend realistische Möglichkeit bestand, durch Eingehung einer hausverfassungsmäßigen Ehe die Erbenstellung zu bewahren. Der Begriff der Ebenbürtigkeit habe „*seine ursprüngliche staatsrechtliche Funktion – die Regelung der Thronfolge in einer Erbmonarchie*“ nach Abschaffung der Monarchie in Deutschland eingebüßt. Er sei daher nicht mehr geeignet, Eingriffe in die Eheschließungsfreiheit zu rechtfertigen.

c) Stellungnahme

Nach der Entscheidung des BVerfG ist für die Frage nach der Sittenwidrigkeit einer bedingten Erbeinsetzung entscheidend, ob die Bedingung geeignet ist, den Bedachten unter für diesen unzumutbaren Druck zu setzen und inwiefern insbesondere der Nachlasswert geeignet ist, den Bedachten im Sinne des vom Erblasser erstrebten Verhaltens zu beeinflussen.

Bei der Einschätzung, dass das Ebenbürtigkeitsprinzip eine Beschränkung der grundgesetzlich garantierten Eheschließungsfreiheit nicht rechtfertigen könne, verkennt das BVerfG, dass eine Beschränkung der Eheschließungsfreiheit im zu entscheidenden Falle aber von der Testierfreiheit des Erblassers getragen gewesen sein könnte.

Auffällig ist auch, dass die vom BVerfG in der oben besprochenen Entscheidung vom 21.02.2000 geübte Zurückhaltung bei der Kontrolle der Abwägung von betroffenen Grundrechtspositionen im Rahmen der Beurteilung von unbestimmten Rechtsbegriffen[177] in dieser Entscheidung vom 22.03.2004 aufgegeben wurde. Die vom BVerfG vorgenommene Kontrolle der vom BGH getroffenen Abwägung reicht weit in den Bereich tatrichterlicher Würdigungskompetenz hinein.

15. Zusammenfassung

Die Rechtsprechung zur Zulässigkeit von Potestativbedingungen hat sich nicht einheitlich fortentwickelt. Während das RG,[178] das OLG Rostock[179] sowie das BayObLG[180], die Sittenwidrigkeit derartiger Anordnungen zwar einheitlich auf die Inaussichtstellung von Vermögensvorteilen für bestimmte höchstpersönliche Entscheidungen zurückführten, bestand Uneinigkeit, inwieweit eine besondere Interessenlage des Erblassers diese Sittenwidrigkeit möglicherweise würde heilen können.

Die Entscheidung des KG zur Bedingung der Nichtheirat eines Nichtreichsdeutschen[181] greift den bis heute geltenden Heilungsgedanken auf: eine als sittenwidrig erkannte Anordnung kann ausnahmsweise im Falle einer besonderen Interessenlage des Erblassers aufrecht erhalten werden.

Auch der BGH greift in der Entscheidung zur Hofnachfolge[182] u.a. diesen Gedanken auf und stellte fest, dass eine Anordnung, die den Bereich höchstpersönlicher Entscheidungen berührt, dann sittenwidrig ist, wenn der Erblasser kein spezifisch nachlassbezogenes und berechtigtes Interesse an gerade dieser Anordnung hat, so dass Bedingungserfüllung und Zweckerreichung notwendig miteinander verknüpft sind.

In den späteren Entscheidungen des OLG Düsseldorf[183], des BayObLG[184] und des BGH[185] wurde dieser Maßstab noch weiter modifiziert. Der BGH stellte klar, dass eine mögliche Beeinflussung des Bedachten für sich alleine gesehen noch nicht ausreichend ist, sondern dass tatsächlich ein schwerwiegender Eingriff in die Entscheidungsfreiheit des Bedachten erforderlich ist. Das OLG Düsseldorf

177 Vgl. zur Prüfungskompetenz des BVerfG: BVerfG, Beschluss vom 10.06.1964 – 1 BvR 37/63, BVerfGE 18, 85, 93.
178 Vgl. oben C. I.1 und 4.
179 Vgl. oben C. I.2.
180 Vgl. oben C. I.3.
181 Vgl. oben C. I.5.
182 Vgl. oben C. I.6.
183 Vgl. oben C.I.10.
184 Vgl. oben C.I.11.
185 Vgl. oben C.I.12.

forderte dagegen das Fehlen einer verwerflichen Gesinnung des Erblassers. Auch das BayObLG stellt entscheidend auf die subjektive Einstellung des Erblassers ab.

Konnte das BVerfG in seiner Entscheidung über die Verfassungsmäßigkeit der Entscheidung des BayObLG im Jahre 2000 weder einen generellen Vorrang der Eheschließungsfreiheit noch der Testierfreiheit feststellen,[186] so kam es 2004 zu dem Schluss, die Sittenwidrigkeit einer bedingten Erbeinsetzung hänge maßgeblich davon ab, ob die Bedingung geeignet sei, den Bedachten unter für diesen unzumutbaren Druck zu setzen. Insbesondere dem Nachlasswert komme dabei einiges Gewicht zu.[187]

Aus dem Rahmen fällt die Entscheidung des KG zur Zulässigkeit einer Bedingung, die die Vereinbarung der Gütertrennung im Heiratsfall zur Voraussetzung des Erbantritts macht. Derartige Anordnungen seien als rechtlich unbeachtlicher erbrechtlicher Wunsch einzustufen. Damit umgeht das KG die Frage, ob eine derartige Klausel gegen § 138 BGB verstößt oder nicht.

In eine andere Richtung deuten die besprochenen Entscheidungen über die Zulässigkeit von Wiederverheiratungsklauseln[188] und die Zulässigkeit kaptatorischer Verfügungen.[189] Die Bindung des Familienvermögens durch letztwillige Anordnung in Form einer Wiederverheiratungsklausel in einem Ehevertrag oder einem gemeinschaftlichen Testament sei ein sittlich nicht zu beanstandender Beweggrund. Die Zulässigkeit der Verknüpfung von Vermögensvorteilen bzw. Vermögensnachteilen mit höchstpersönlichen Entscheidungen wird dabei nicht in Frage gestellt. Derartige Klauseln hätten danach auch nicht den Zweck, auf die Eheschließungsfreiheit der Bedachten einzuwirken.

Im Hinblick auf die Zulässigkeit kaptatorischer Verfügungen führt der BGH aus, dass eine unzulässige Beschränkung der Testierfreiheit nicht vorliege, da es im Ermessen des Empfängers der Zuwendung stehe, ob er diese Bedingung erfüllen wolle und so die Zuwendung behalten könne. Der BGH betont, dass eine Bindungswirkung hinsichtlich der Errichtung einer Verfügung von Todes wegen, d.h. eine Bindungswirkung im Hinblick auf eine höchstpersönliche Entscheidung, die der Entfaltung der grundgesetzlich geschützten persönlichen Freiheiten des Eigentümers dient, gerade nicht besteht.

186 Vgl. oben C.I.13.
187 Vgl. oben C.I.14.
188 Vgl. oben C.I.7.
189 Vgl. oben C.I.9.

II. Behandlung in der Literatur

In der Literatur wird die Sittenwidrigkeit letztwilliger Potestativbedingungen, die ein an sich nicht anstößiges Verhalten vom Bedachten zur Voraussetzung der Erbfolge machen, unterschiedlich beurteilt. Neben älteren Ansichten, die sich im Wesentlichen an der schon von der Rechtsprechung des RG bekannten Formel orientieren, wonach der Erblasser *nicht materielle Vorteile für solche Entschlüsse versprechen darf, die nach allgemeiner Auffassung frei von Zwang und Beeinflussung Dritter zu treffen sind und bei denen man sich nicht von materiellen Erwägungen leiten lassen soll*[190], lassen sich vier Hauptströmungen unterscheiden: das Verbot verhaltensbezogener Verfügungen, das Verbot der Einflussnahme auf identitätsbestimmende Merkmale, die Lehre vom Gebot der Abwägung rechtlich geschützter Interessen des Erbanwärters gegen die Testierfreiheit des Erblassers anhand der Umstände des konkreten Einzelfalls sowie die Annahme grundsätzlicher Zulässigkeit letztwilliger Potestativbedingungen.[191]

1. Verbot verhaltensbezogener Anordnungen

a) Testierfreiheit = Abschlussfreiheit

Nach einer insbesondere von *Knobbe-Keuk* und später von *Schlüter* vertretenen Ansicht erschöpft sich die Testierfreiheit darin, den potentiellen Erblasser in die Lage zu versetzen, sein Vermögen bestimmten Personen privatautonom zuzuordnen. Darüber hinaus gehende, verhaltensbezogene Anordnungen könne er nicht

---

190 *Brox*, Erbrecht, 22.Aufl. (2007), Rn. 263; *Flume*, BGB-AT, II, § 18 2 cc).

191 Sofern *Kroppenberg* annimmt, *Westermann* spreche sich in seinem Beitrag „Der strafende und disziplinierende Erblasser" in: Festschrift für Wiegand (2005) S. 661 ff. für eine wesensimmanente Beschränkung der Testierfreiheit aus, kann dem nicht gefolgt werden. *Westermann* betont gerade die Bedeutung des Pflichtteilsrechts als Grenze des Strafbedürfnisses des Erblassers: „*Wenn man sich aber zur Testierfreiheit bekennt, kann man nicht umhin, die Einrichtung des Pflichtteilsanspruchs als den Mindestschutz (auch) vor unsinnigen Entscheidungen des Erblassers zu verstehen und diese Beschränkung nicht durch die Annahme von Sittenwidrigkeit törichter Anschauungen auszuweiten*" (*Westermann*, a.a.O. S. 669). Des weiteren befasst sich der Autor im Hinblick auf eine Entscheidung des OLG Hamm (Beschluss vom 11.01.2005 – 15 W 391/03, ZEV 06 167 ff.) mit der Frage, inwieweit der Erblasser ohne die Grenzen der Testierfreiheit einen Pflichtteilsberechtigten vor die Wahl stellen kann, ob er von seinem Recht auf den Pflichtteil Gebrauch macht und dadurch die Erbenbestellung des zum Erben eingesetzten Sohnes gerade dieses Pflichtteilsberechtigten beseitigt. Zu dieser Entscheidung unten C. IV. 4. a).

wirksam treffen.[192] Dies gelte allerdings nicht, weil der Erblasser solche Anordnungen rechtlich nicht treffen *dürfe*, sondern weil er dadurch den Bereich des rechtlich Könnens überschreite. Jedes rechtliche Handeln müsse sich *„schon vom Ansatz her den objektiven, mit der Ordnung des jeweiligen Rechtsinstituts gesetzten Zwecken unterordnen.“* Diese auf *Raiser*[193] zurückgehende Lehre vom institutionellen Rechtsmissbrauch gehöre heute zu den unangefochtenen Elementen des Wettbewerbs- und Kartellrechts.[194]

Rechtsfolge einer die Grenzen der erbrechtlichen Gestaltungsmöglichkeiten überschreitenden, verhaltensbezogenen Anordnung des Erblassers ist nach dieser Auffassung im Anschluss an *Flume,*[195] dass die Bedingung als nicht geschrieben (*pro non scripta*) anzusehen sei.[196] Die unbedingte Aufrechterhaltung der letztwilligen Verfügung entspreche regelmäßig dem Willen des Erblassers, dem es nach seinem Tod unmöglich ist, eine rechtlich zulässige Anordnung nachzuholen. Sein mutmaßlicher Wille sei in der Regel dahingehend anzunehmen, dass er sein Vermögen unbedingt vermacht haben und dem Bedachten das gewollte Verhalten lediglich anempfohlen haben würde. Sofern dies im Einzelfall nicht der wahren Interessenlage entsprechen sollte, sei dies im Hinblick auf eine einheitliche Handhabung hinzunehmen.[197]

Die Erblasserentscheidung bzw. die erbrechtliche Willenserklärung wird nach dieser Auffassung also einer Inhaltskontrolle i.S.d. § 138 BGB überhaupt nicht zugeführt, sondern die Möglichkeiten des Erblassers, Anordnungen nach seinem Willen zu treffen, unterliegen von vorne herein wesensimmanenten Schranken, so dass sich die Frage nach der Sittenwidrigkeit derartiger Anordnungen nicht mehr stellt.

Begründet wird diese Auffassung damit, dass das Erbrecht zuvörderst ein Vermögenszuordnungsrecht sei. Es habe dagegen nicht die Aufgabe, die freie Entfaltung der Persönlichkeit zu gewährleisten. Der Bezug zur persönlichen Freiheit des Erblassers sei lediglich ein mittelbarer. Der Kernbereich der menschlichen Persönlichkeit fordere allenfalls die Anerkennung eines postmor-

192 *Knobbe-Keuk*, FamRZ 72, 9, 15; *Schlüter*, in: Festgabe Zivilrechtslehrer 1934/35, Grenzen der Testierfreiheit – Grenzen einer „Herrschaft aus dem Grabe“, (1999), S. 575, 579, 582.

193 *Raiser*, in: Tübinger Rechtswissenschaftliche Abhandlungen Band 9, *Summum Ius, Summa Iniuria*, 1963, 145 ff. (zitiert nach *Schlüter*, a.a.O.).

194 *Schlüter*, FZ 1934/35, S. 575, 584.

195 *Flume*, BGB-AT, II, § 18 Ziff. 2b, cc.

196 *Knobbe-Keuk*, FamRZ 1972, 9, 15; a.A. *Edenhofer*, in: Palandt, 67. Aufl. (2008) § 2074 Rn. 5; für eine differenzierende Betrachtung *Leipold*, in: MüKo, 4.Aufl. (2004), Band 9, § 2074 Rn. 28; *Otte*, in: Staudinger, 13. Aufl. (Neubearbeitung 2003) § 2074 Rn. 65; vgl. dazu ausführlich unten C.III.

197 *Knobbe-Keuk*, FamRZ 72, 9, 16.

talen Persönlichkeitsrechts und die Zulassung verbindlicher Auflagen für die Totensorge. Beide Bereiche seien aber in der Rechtsordnung nicht mit dem Erbrecht verknüpft.[198]

Der Verfügende habe im Übrigen kein berechtigtes Interesse mehr, dem Bedachten nach seinem Tod seinen Willen aufzubürden: Das Verhalten des Bedachten berühre den Erblasser selbst nach seinem Tod nicht mehr, zum anderen setze der Erblasser Mittel ein, die er selbst nicht mehr entbehren müsste, wie er es bei Rechtsgeschäften unter Lebenden tun müsse, um seinen Vertragspartner zu einem bestimmten Verhalten zu bewegen. Der Erbe wiederum müsse eine lebzeitige Entbehrung erbringen.[199]

Durch die Regelungen des Erbrechts werde in erster Linie das grundgesetzlich garantierte Privateigentum dauerhaft und über den Tod des Einzelnen hinaus ausgestaltet. Die Bildung von Vermögen zu Lebzeiten bekomme erst dadurch Sinn, dass es die Rechtsordnung dem zukünftigen Erblasser erlaube, gesetzliche Erben, die dem Erblasser zur Fortführung seines Lebenswerkes als ungeeignet erscheinen, von der gesetzlichen Erbfolge auszuschließen oder eine wirtschaftlich sinnlose Nachlassspaltung zu vermeiden. Dadurch werde das Institut des Privateigentums als Grundvoraussetzung unserer Wirtschaftsordnung erst sinnvoll ergänzt. Die Testierfreiheit verhindere, dass das Privateigentum als lediglich auf lebzeitige Nutzungsbefugnis reduziertes Recht faktisch zu einem lebzeitigen Nießbrauch herabgestuft werde. Im Übrigen habe der Kredit im Wirtschaftsleben keinen Raum mehr, falls Rechte und Pflichten mit dem Tod des einzelnen erlöschen würden. Das Vermögen erhalte deswegen nicht um des Erblassers, sondern um der Allgemeinheit und der Kontinuität der Wirtschaftsordnung Willen einen neuen Träger. Die Zuordnung des Vermögens auf einen neuen Rechtsträger dient danach vor allem der Erhaltung des Wirtschaftssystems für die Gesellschaft.[200]

Die Testierfreiheit sei darüber hinaus gerade nicht das erbrechtliche Gegenstück zur Privatautonomie und dürfe auch nicht als eine derart umfassende Freiheit des Erblassers verstanden werden. Es gehe nicht darum, dem Erblasser die Möglichkeiten der Privatautonomie auch noch über den Tod hinaus zu erhalten und so eine Entsprechung zu erreichen. Deutlich werde das u.a. daran, dass ein Testamentsvollstrecker ebenfalls nur vermögensrechtliche Aufgaben zu bewältigen habe, nicht aber sonstige Aufgaben. Diese könne er in seiner Eigenschaft als Testamentsvollstrecker nicht wahrnehmen.[201]

---

198 *Schlüter*, FZ 1934/1935, S. 575, 585.
199 *Knobbe-Keuk*, FamRZ 72, 9, 14.
200 *Schlüter*, FZ 1934/1935, S. 575, 585.
201 *Schlüter*, FZ 1934/1935, S. 575, 586.

Der starke Vermögensbezug der Testierfreiheit werde auch dadurch deutlich, dass das Erbrecht zusammen mit Eigentum in Art. 14 I S.1 GG gewährleistet werde. Einfachgesetzliche Normen, die nach dem Grundgesetz deren Inhalt und Schranken bestimmen, seien ebenfalls ausschließlich auf Vermögensverteilung bezogen. So sei beispielsweise auch die Totenfürsorge in § 1968 BGB nur vermögensrechtlich angesprochen. Der Erblasser sei gleichsam Vermögensverteiler von Todes wegen und in dieser Funktion wesensimmanent auf Verteilung von Vermögen begrenzt.[202]

b) Stellungnahme

Versteht man entgegen der von *Knobbe-Keuk* und *Schlüter* vertretenen Ansicht die Testierfreiheit als erbrechtliches Pendant zur lebzeitigen Privatautonomie, liegt es nahe, dem Erblasser weitgehendere Gestaltungsbefugnisse zuzugestehen.[203] Dieses Verständnis legt es nahe, dass der Erblasser auch solche Anordnungen treffen kann, die keinen unmittelbaren Vermögensbezug aufweisen.

Für ein derartiges Begriffsverständnis spricht insbesondere, dass das BGB dem Erblasser durch das Institut der Auflage nach § 1940 BGB durchaus ein Mittel an die Hand gibt, um die Bedachten auch zu einem bestimmten Verhalten zu motivieren. Die enge Verknüpfung von Eigentums- und Erbrechtsgarantie, die das Grundgesetz in Art. 14 I S.1 GG vorsieht, kann lediglich so verstanden werden, dass die erbrechtlichen Vorschriften nur vorrangig Vermögenszuordnungsrecht sind. Verhaltensbezogene Anordnungen des Erblassers sind deswegen aber nicht grundsätzlich ausgeschlossen.[204]

Der Auffassung, wonach Anordnungen des Erblassers, die sich ausschließlich auf ein Verhalten der Bedachten beziehen, *per se* unwirksam sind, ist allerdings zuzugestehen, dass erst durch die Gewährleistung des Erbrechts das lebzeitige Privateigentum als Grundvoraussetzung der Wirtschaftsordnung seinen Sinn erhält. Nur wenn sichergestellt ist, dass der Erblasser sein zu Lebzeiten angehäuftes Vermögen an seine Erben weitergeben kann bzw. dass eine Schuld des Erblassers durch seinen Tod nicht automatisch erlischt, ist eine Wirtschaftsordnung wie die Deutsche denkbar. Selbst wenn man weiter unterstellt, dass die Rechtsordnung zu aller erst um der Allgemeinheit Willen dem Vermögen des Erblassers einen Nachfolger zusichert, so folgt aus dieser Annahme aber nicht, dass der Erblasser darauf beschränkt ist, ausschließlich vermögensbezogene Anordnungen zu treffen. Derartige Anordnungen, etwa in Form einer Auflage oder einer aufschieben-

---

202 *Schlüter*, FZ 1934/1935, S. 575,579, 582.
203 *Harder/ Kroppenberg,* Erbrecht, 5.Aufl. (2002) § 2 Rn. 9.
204 *Harder/ Kroppenberg,* Erbrecht, 5.Aufl. (2002) § 2 Rn. 9.

den oder einer auflösenden Bedingung, können nur Einfluss darauf haben, *wer* Rechtsnachfolger des Erblassers werden soll. Sie entfalten aber keine Wirkung im Hinblick darauf, dass es überhaupt einen neuen Rechtsträger gibt.

Im Übrigen streitet gegen eine Überbetonung des Gedankens, das Vermögen erhalte vorwiegend der Allgemeinheit und der Kontinuität der Wirtschaftsordnung Willen einen neuen Träger, zusätzlich, dass ein solch enges Verständnis der Testierfreiheit nur schwerlich in Einklang mit den erbrechtlichen Wertungen zu bringen ist, die sich aus der Möglichkeit des Erben ergeben, die Erbschaft auszuschlagen bzw. die Möglichkeit, die Haftung des Erben auf den Nachlass zu beschränken. Einen überschuldeten Nachlass kann der Erbe ausschlagen gem. § 1942 BGB. Hat er ihn bereits angenommen, in der Annahme der Nachlass sei werthaltig, kann er die Annahme nach § 119 II BGB wegen Irrtums über eine verkehrswesentliche Eigenschaft anfechten.[205] Ebenso ist es möglich, die Haftung des Erben durch Anordnung von Nachlassverwaltung oder Eröffnung des Nachlassinsolvenzverfahrens gem. §§ 1975 ff. BGB auf das hinterlassene Vermögen zu beschränken.[206] Schlägt der Erbe aus und gibt es keine mit dem Erblasser verwandten gesetzlichen Erben, die die Erbschaft annehmen, fällt das Erbe letztlich gem. § 1936 BGB dem Fiskus anheim. Genau wie ein die Erbschaft annehmender Erbe kann auch der Staat seine Haftung begrenzen, so dass er regelmäßig nur mit dem Nachlass haftet.[207] Letztendlich haftet also nicht zwangsläufig und in jedem Fall ein neuer Rechtsträger für Schulden des Erblassers. Sinn und Zweck der Testierfreiheit kann also gerade nicht darin gesehen werden, Rechte und Pflichten deswegen übergehen zu lassen, weil ansonsten der *„Kredit im Wirtschaftsleben keinen Raum“* mehr hätte. Die Rechtsordnung gewährleistet wie vorstehend gezeigt gerade nicht in jedem Fall einen (solventen)Schuldner.

Dem Gedanken, dem Erblasser fehle ein berechtigtes Interesse daran, dem Bedachten seine Ansichten aufzuzwingen, da er selbst vom Verhalten des Bedachten nach seinem Tod nicht mehr tangiert werde und im Übrigen für das begehrte Verhalten auch seinerseits nichts entbehren müsste, ist klar entgegenzutreten, da letztwillige Verfügungen naturgemäß keinen Leistungsaustausch zum Inhalt haben. Aufgrund einer nicht vorhandenen Gegenleistung können deswegen keine Rückschlüsse auf ein berechtigtes Interesse gezogen werden. Im Übrigen führte diese Argumentation auch dazu, der gewillkürten Erbfolge schlechthin ihre Berechtigung abzusprechen: Verliert der Erblasser mit dem Tod sein berechtigtes Interesse am Verhalten des Bedachten, weil es ihn selbst nicht mehr berührt und er dafür auch kein Opfer bringen muss, so endete damit auch jegliches Interesse

205 *Edenhofer*, in: Palandt, 67. Aufl. (2008) § 1954 Rn. 6.
206 *Edenhofer*, in: Palandt, 67. Aufl. (2008) Einf v § 1967 Rn. 2.
207 *Edenhofer*, in: Palandt, 67. Aufl. (2008) § 2011 Rn. 1.

an der Gestaltung seiner Rechtsnachfolge an sich, da ihn das Schicksal seiner Vermögenswerte nicht mehr beeinträchtigen kann und ihm weitere Entbehrungen nicht mehr abverlangt werden.[208]

Auch das Merkmal des Vermögensbezugs der Verfügung stellt nur auf den ersten Blick ein handhabbares Abgrenzungskriterium dar, da in der Praxis häufig eine Gemengelage vorliegen wird und die Verfügung sich nicht in einen rein vermögensbezogenen und einen nichtvermögensbezogenen Teil wird aufspalten lassen.[209]

Dem Gesetz, das formgerecht errichtete Rechtsgeschäfte, zu denen auch die letztwilligen Verfügungen zählen, vorbehaltlich der §§ 134, 138 BGB grundsätzlich als wirksam ansieht, lässt sich eine Differenzierung der vorgeschlagenen Art nicht entnehmen.[210] Insbesondere vor dem Hintergrund der vom Gesetzgeber ausdrücklich vorgesehenen Möglichkeit, die Wirksamkeit einer letztwilligen Verfügung von einer aufschiebenden bzw. auflösenden Bedingung abhängig zu machen (§§ 2074, 2075 BGB) oder dem Bedachten ein bestimmtes Verhalten aufzuerlegen (Auflage § 1940), erscheint es naheliegend, dem Erblasser weit gehende Gestaltungsbefugnisse zuzubilligen.[211] Dass der Inhalt einer Auflage keinen Vermögensbezug aufweisen muss, entspricht allgemeiner Auffassung.[212] Für wirksam wurde es beispielsweise erachtet, dem Bedachten die Grabpflege oder das Aufstellen einer Büste aufzugeben oder ihn zu verpflichten, die Leiche des Erblassers kostenpflichtig der Anatomie zu übergeben oder ihr keine Organe zu entnehmen.[213]

Letztlich würde ein Verständnis der Testierfreiheit in Sinne von *Knobbe-Keuk* und *Schlüter* dazu führen, dass sämtliche nicht vermögensbezogene Anordnungen des Erblassers schlichtweg nichtig und bedeutungslos wären. Im Ergebnis wären sie damit etwa der Erbeinsetzung eines Hundes vergleichbar.[214] Während letzteres Beispiel schon daran scheitert, dass der „Bedachte“ nicht als Rechtssubjekt i.S.d. BGB in Frage kommt, bewegt sich eine Auflage oder eine Bedingung der-

---

208 *Goebel*, Eheschließungsfreiheit und erbrechtliche Potestativbedingungen – Zugleich eine Besprechung des Beschlusses des BayObLG v.3.9.1996 – 1Z BR 41/95, FamRZ 1997, 705, FamRZ 97, 656, 660; *Otte*, in: Staudinger, 13. Aufl. (Neubearbeitung 2003) § 2074 Rn. 32.

209 So auch *Kroppenberg*, DNotZ 06 86, 91 Fn. 16.

210 Vgl. *Otte*, in: Staudinger, 13. Aufl. (Neubearbeitung 2003) § 2074 Rn. 32.

211 Vgl. *Goebel*, FamRZ 97, 656, 660.

212 Vgl. *Edenhofer*, in: Palandt, 67. Aufl. (2008) § 2192 Rn. 3 (mit Hinweis auf Soergel/Stein § 1940 Rn. 3); *Leipold*, in: MüKo, 4.Aufl. (2004), Band 9, § 1940 Rn. 4; *Otte*, in: Staudinger, 13. Aufl. (Neubearbeitung 2003) § Rn. 5.

213 Vgl. *Edenhofer*, in: Palandt, 67. Aufl. (2008) § 2192 Rn. 3.

214 Vgl. *Smid*, Rechtliche Schranken der Testierfreiheit aus § 138 I BGB, NJW 90, 409, 415.

gestalt, dass der Bedachte die Fürsorge für einen Hund übernehmen soll, zumindest im Rahmen dessen, was der Wortlaut des Gesetzes dem Erblasser als Gestaltungsmöglichkeit einräumt.

2. Verbot der Einflussnahme auf identitätsbestimmende Merkmale

a) Maßstab des Art.3 III GG

Nach *Schlitt*[215] verstößt eine letztwillige Potestativbedingung dann gegen § 138 BGB, wenn *„sie auf identitätsbildende Merkmale Einfluss nimmt, entweder solche, die der Person selbst – vom Willen unabhängig – anhaften oder aber ihren persönlichkeitsprägenden Charakter aus der eigenen Überzeugung oder dem sozialen Umfeld des Bedachten beziehen, wozu auch die Religionsausübung oder politische Aktivitäten gehören.“* Dies gelte zumindest dann, wenn der Erblasser ein ausschließliches oder zumindest wesentliches *„Diskriminierungsmotiv“* aufweise, d.h. wenn es dem Erblasser zumindest wesentlich auf die Einflussnahme auf die identitätsbildende private Lebensgestaltung des Bedachten ankomme.

Als Katalog für die diesem Lösungsansatz zugrundeliegenden identitätsbildenden Merkmale könne Art. 3 III GG herangezogen werden. *„Soll durch die Potestativbedingung auf die in Art. 3 III GG genannten, äußeren Merkmale einer Person wie das Geschlecht, die Rasse, die Abstammung, die Sprache, die Heimat oder die Herkunft oder die Zugehörigkeit zu einer Religionsgemeinschaft Einfluss genommen werden,“* sei von einer Sittenwidrigkeit der Anordnung auszugehen. Derartige Merkmale seien vom Willen des Bedachten unabhängig und seien meist durch Geburt erworben und prägten die Identität einer Person. Aus diesem Grund müsse die Testierfreiheit des Erblassers hinter dem Persönlichkeitsrecht des Bedachten zurückstehen. Gleiches gelte auch dann, wenn der Erblasser an derartige Merkmale von dritten Personen den Inhalt einer Potestativbedingung knüpfe, beispielsweise die Bedingung aufstelle, dass der Bedachte einen Farbigen nicht heirate. Auch wenn es dem Betroffenen frei stehe, die Anordnung zu ignorieren, so führe die *„Diskriminierung der Drittperson [...] zwangsläufig zu einer Pflicht des Bedachten, die aus Art. 3 Abs.3 GG resultierende Verletzung des Persönlichkeitsrechts des Dritten ohne Einschränkung zu akzeptieren, wenn er die Zuwendung erhalten“* wolle. Derartige Bedingungen verletzten auch das Persönlichkeitsrecht des Bedachten selbst, weil ihn die Bedingung *„in eine unerträgliche psychische Zwangslage versetze und zur Anerkennung der Diskriminierung nötige.“* Allerdings sei eine Ausnahme von diesem Grundsatz denkbar, *„wenn der*

---

215 *Schlitt*, Der Schutz des Pflichtteilsberechtigten vor belastenden Anordnungen des Erblassers, Diss. (1990), S. 60 ff.

Bedachte selbst [...] in so eklatanter und persönlichkeitsverletzender Weise Drittpersonen diskriminiert, daß die Diskriminierung durch den Erblasser – der Intensität nach – nur sekundäre Bedeutung erlangt und eine Berufung des Bedachten eine Verletzung seiner Persönlichkeit rechtsmissbräuchlich wäre."

b) Stellungnahme

Die Anknüpfung der Zulässigkeit einer Potestativbedingung an die Abwesenheit diskriminierender Elemente wirft zahlreiche Probleme auf. Es erscheint zunächst zweifelhaft, ob und wie dieses Postulat mit der grundsätzlichen Freiheit des Erblassers vereinbar ist, potentielle Erben auch ohne sachlichen Grund ungleich zu behandeln. Dem Testator stünde es frei, einen Abkömmling, der einer anderen Religionsgemeinschaft angehört als er selbst, in einer gegen Art. 3 GG verstoßenden Weise zu diskriminieren und ihn zu enterben. Eine direkte Diskriminierung wäre daher unbedenklich, eine über die entsprechende Formulierung einer Potestativbedingung gleichsam indirekte Diskriminierung dagegen wäre ihm versagt.

Zum anderen führt die Ansicht *Schlitts* im Ergebnis zu einer direkten und unmittelbaren Wirkung des Art. 3 III GG in privaten Rechtsbeziehungen. Die Grundrechte sind aber nur für staatliches Handeln unmittelbar bindend. Von der lediglich mittelbaren Wirkung der Grundrechte, als im Rahmen der Anwendung des § 138 BGB unter anderem zu berücksichtigender Wertemaßstab, bleibt nichts mehr übrig.

Das von *Schlitt* aufgestellte Kriterium des identitätsbestimmenden Merkmals, auf welches der Erblasser keinerlei Einfluss nehmen dürfe, ist auch im Einzelnen zu unbestimmt. Auch der Verweis auf den Katalog des Art. 3 III GG hilft hierbei nicht weiter. Identitätsbestimmende Merkmale lassen sich naturgemäß nicht objektiv festlegen. Gerade Heranwachsende und ewig Junggebliebene werden beispielsweise auch Musikgeschmack und Kleidungsstil als identitätsbestimmend für die eigene Persönlichkeit ansehen. Eine Grenzziehung ist pauschal nicht möglich. Die Kriterien des Art. 3 III GG haben auch im Übrigen für die Frage der Sittenwidrigkeit einer letztwilligen Potestativbedingung wenig Aussagekraft. Wie will ein Erblasser beispielsweise *posthum* auf die Geburt oder Herkunft eines Bedachten Einfluss nehmen? Diese Kriterien können von vorne herein nur in einem Drei-Personen-Verhältnis Relevanz entfalten. Damit wird aber im Ergebnis eine direkte und unmittelbare Wirkung der Grundrechte nicht nur im Verhältnis des Erblassers zum Bedachten, sondern auch im Verhältnis des Bedachten zum Dritten angenommen.

Letztendlich läuft die Ansicht *Schlitts* auf eine Bewertung der Motive des Erblassers hinaus, mithin auf die Sanktionierung einer unredlichen Gesinnung.

Deutlich wird dies vor allem an der von ihm eingeräumten Ausnahme, wonach eine Bedingung, die einen diskriminierenden Zweck verfolgt, dann zulässig ist, falls der Bedachte selbst in *„eklatanter und persönlichkeitsverletzender Weise Drittpersonen diskriminiert."* Ein ohnehin unredlich Gesinnter soll nach *Schlitt* nicht vor der unredlichen Gesinnung eines anderen unredlich Gesinnten geschützt werden. Im Mittelpunkt der Prüfung des § 138 BGB steht also die Motivationslage von Erblasser und Bedachtem.

3. Gebot der Abwägung im Einzelfall, Verbot unzumutbaren Drucks

a) Gemeinsame Grundaussage

Die eindeutige Mehrheit der Literaten befindet sich in ihrer Grundsaussage im Einklang mit der Rechtssprechung des BVerfG in seiner Entscheidung zur Erbfolge im Hause Hohenzollern. Die Unzulässigkeit einer Bedingung resultiert danach nicht schon aus der bloßen Verquickung materieller Vorteile mit der Ausübung persönlicher Freiheit. Weitgehende Einigkeit besteht darin, dass eine letztwillige Potestativbedingung vor allem dann sittenwidrig ist, wenn dadurch der Bedachte in eine für ihn unzumutbare Drucksituation gerät.[216] Im Detail variieren die vertretenen Ansichten im Hinblick auf die bei der Frage der Unzumutbarkeit anzustellenden Erwägungen bzw. im Hinblick auf die dogmatische Grundlage des Druck-Topos.

b) Einzelne Ausprägungen und Begründungsansätze

(1) Loritz – Verbot der objektiven Einschränkung der Entschließungsfreiheit

Loritz[217] geht davon aus, sittenwidrig sei *„eine Potestativbedingung vor allem dann, wenn der Erblasser ohne jeglichen Bezug zu seinem Vermögen dieses ein-*

216 Vgl. dazu *Beck*, in: Anwaltskommentar Erbrecht 2.Aufl. (2007) § 2074 Rn. 23; *Löhnig*, in: Kompaktkommentar Erbrecht, 1.Aufl. (2007) § 2074 Rn. 6; *Loritz*, in: Soergel, 13.Aufl. (2002) § 2074 Rn. 24; *Litzenburger*, in: Bamberger/Roth BGB, online: www.beck-online.de, Datum des Zugriffs: 01.12.2007, § 2074 Rn. 7 ff; *Leipold*, in: MüKo, 4. Aufl. (2004), Band 9, § 2074 Rn. 18 ff.; *Goebel*, FamRZ 97, 656 ff.; *Kellenter*, Bedingte Verfügungen von Todes wegen, insbesondere auch ein Beitrag zur Sittenwidrigkeit letztwilliger Potestativbedingungen, Diss. (1989), S. 9; *Smid*, NJW 90, 409 ff; *Otte*, in: Staudinger, 13. Aufl. (Neubearbeitung 2003) § 2074 Rn. 31; *Heinrichs*, in: Palandt, 67. Aufl. (2008) § 138 Rn. 49; *Thielmann*, Sittenwidrige Verfügungen von Todes wegen, Habil. (1972), S. 119.

217 *Loritz*, in: Soergel, 13.Aufl. (2002) § 2074 Rn. 24.

setzt, um eine Entscheidung des Bedachten zu beeinflussen, die nach den Prinzipien unserer Rechtsordnung einer Beeinflussung durch Dritte nicht unterliegen dürfe, wie etwa die Entscheidung über die Zugehörigkeit zu einer Konfession oder über einen Ehepartner." Dabei reiche es aus, dass eine „*objektiv von der Rechtsordnung nicht hinzunehmende Einschränkung der Entschließungsfreiheit*" vorliege, um die Sittenwidrigkeit einer letztwilligen Potestativbedingung zu bejahen. Dabei sei der Wille des Erblassers grundsätzlich unerheblich. Er müsse diese Einschränkung weder bezwecken noch an sie denken. Es reiche aus, dass „*auf den Bedachten ein mehr oder weniger großer Druck*" ausgehe, beispielsweise nicht zu heiraten, um die Zuwendung zu erhalten. Das Motiv des Erblassers könne „*allenfalls in Grenzfällen*" eine Rolle spielen. Im umgekehrten Fall sei zu bedenken, dass das „*Verdikt der Sittenwidrigkeit hier den Schutz der Entschließungsfreiheit des Bedachten zum Ziel*" habe und dieser Schutz nicht durch eine achtbare Motivation des Erblassers herabgemindert werden dürfe. Das Motiv des Erblassers soll also auch unter dem Gesichtspunkt unbeachtlich sein, dass es mit gleichsam heilender Wirkung einer an sich zu beanstandende Bedingungssetzung die Sittenwidrigkeit nehmen könnte.

Trotz der Ablehnung der Berücksichtigung der vom Erblasser verfolgten Ziele hält *Loritz* es für unbedenklich, „*wenn der Erblasser, um das weitere Schicksal seines Nachlasses zu sichern, eine Zuwendung unter der aufschiebenden Bedingung der Heirat*" mache, da „*vernünftigerweise*" niemand eine Ehe nur deshalb einginge, um in den Genuss der Zuwendung zu kommen.

Zulässig seien auch Klauseln, die einem unverheirateten Kind eine Zuwendung, z. B. ein Wohnrecht im elterlichen Haus, auflösend bedingt durch die Verehelichung zukommen ließen, sofern der Erblasser davon ausginge, dass durch die Heirat das Zugewandte nicht mehr benötigt werde.[218] Die Rechtmäßigkeit einer solchen Anordnung setze aber voraus, dass der Bedachte „*bei Eintritt der auflösenden Bedingung nur für die Zukunft nichts mehr erhält oder ihm etwas entzogen wird, dass er noch hat, aber gerade wegen der Heirat nicht mehr benötigt (wie z.B. ein Wohnungsrecht im elterlichen Haus).*

Auch Wiederverheiratungsklauseln hält *Loritz* grundsätzlich für zulässig. Den „*insoweit möglicherweise entstehenden Druck, nicht wieder zu heiraten,*" müsse der Überlebende in Kauf nehmen, da es „*nun einmal das legitime Interesse des verstorbenen Ehegatten*" sein könne, das Vermögen seinen Kindern zu übertragen und nicht einem neuem Partner zukommen zu lassen.

---

218 Ähnlich auch *Otte*, in: Staudinger, 13. Aufl. (Neubearbeitung 2003) § 2074 Rn. 35.

(2) Litzenburger – Verbot der Fremdbestimmung

Litzenburger[219] räumt ein, dass die Testierfreiheit durchaus auch das Recht des Erblassers enthalte, den Zuwendungsempfänger zu beeinflussen. Die dem Erblasser in diesem Rahmen zustehende Gestaltungsbefugnis könne jedoch mit den Freiheitsrechten des Bedachten kollidieren, „*und zwar dann, wenn sich die Einflussnahme des Erblassers auf die Lebensführung des Bedachten zur die freie Willensbildung ausschließenden Fremdbestimmung*" verstärke. Es entspreche gefestigter Rechtsprechung des BVerfG zur Inhaltskontrolle von Versicherungs-, Ehe- und Bürgschaftsverträgen[220], dass der durch Art 2 I GG garantierten Privatautonomie immer dann Grenzen zu setzen seien, wenn die Vertragsparität gestört sei, wenn also ein Vertragspartner den Inhalt der Vereinbarung faktisch dermaßen diktiert, dass das „*Selbstbestimmungsrecht des anderen sich zur Fremdbestimmung verkehrt.*"[221] Zwar sei diese Rechtsprechung zur Privatautonomie nicht direkt auf einseitige Verfügungen von Todes wegen übertragbar, da es bei diesen in der Natur der Sache liege, dass eine Störung der Vertragsparität ausscheide, dennoch sei ihr der Gedanke zu entnehmen, dass der Staat verpflichtet sei, den Bürger „*vor einer die Entscheidungsfreiheit ausschließenden Fremdbestimmung durch andere zu schützen.*" Dem Erblasser gewähre die Testierfreiheit lediglich die Möglichkeit, über sein Vermögen zu entscheiden, aber nicht die Befugnis, die Lebensführung der Bedachten zu regeln. Die Rechtsordnung dürfe daher eine derartige Fremdbestimmung nicht hinnehmen und müsse deshalb der Testierfreiheit durch die Anwendung der Generalklauseln der § 138 BGB und § 242 BGB unter der Beachtung der grundgesetzlichen Werteordnung Grenzen ziehen. Gleichzeitig dürfe aber die richterliche Kontrolle nicht ihrerseits in eine Fremdbestimmung des Erblassers umschlagen. Die Kontrolle sei also auf Fälle besonders schwerwiegender Eingriffe in die Grundrechte des Bedachten zu beschränken. Im Einzelfall sei daher eine Abwägung der Testierfreiheit gegen die Grundrechte der Betroffenen vorzunehmen. Dabei sei „*in dubio pro libertate*" (etwa: „*Im Zweifel für die Freiheit*") zugunsten des Erblassers zu entscheiden.

Innerhalb der Abwägung sei auf Seiten des Betroffenen je nach beeinträchtigter Grundrechtsposition zu differenzieren. Sofern Persönlichkeitsrechte, z.B. Eheschließungsfreiheit, Berufsfreiheit, Religionsfreiheit, betroffen sind, so sollen

---

219 *Litzenburger*, in: Bamberger/Roth BGB, online: www.beck-online.de, Datum des Zugriffs: 01.12.2007, § 2074 Rn. 7 ff.

220 Vgl. BVerfG, Beschluss vom 15. 2. 2006 – 1 BvR 1317/96, NJW 06, 1783 ff. zum Versicherungsvertrag; BVerfG, Urteil vom 6. 2. 2001 – 1 BvR 12/92, NJW 01, 957 ff. zum Ehevertrag; BVerfG, Beschluss vom 19-10-1993 – 1 BvR 567/89 u. a., NJW 94, 36 ff. zum Bürgschaftsvertrag.

221 In diese Richtung bereits *Goebel*, FamRZ 97, 656, 660.

diese umfassend gegen die Testierfreiheit des Erblassers abzuwägen sein. Der Erblasser müsse umso stärkere Beschränkungen hinnehmen, je mehr die Persönlichkeitsrechte der Betroffenen beeinträchtigt oder gefährdet seien. Allerdings sei auch innerhalb der Persönlichkeitsrechte wiederum nach der Bedeutung der Grundrechte für die persönliche Freiheit des Einzelnen zu differenzieren. Sofern *vermögensbezogene Freiheitsrechte* betroffen sind, so sei danach zu unterscheiden, ob die Bedingungen Nachlassbezug hätten. Während nachlassbezogenen Anordnungen, wie Verfügungsverboten und Verwaltungsauflagen, der Makel der Sittenwidrigkeit grundsätzlich nicht anhafte, seien Bedingungen, die vom Bedachten Dispositionen über eigenes Vermögen verlangten, wie ein Verzicht auf Rechte oder Aufwendungen aus Privatvermögen, zumindest unter besonders außergewöhnlichen Umständen sittenwidrig. Die eigene Testierfreiheit des Bedachten hingegen sei durch § 2302 BGB ausreichend geschützt, so dass es eines Rückgriffs auf § 138 BGB nicht bedürfe. Allerdings reichten *diskriminierende Wirkungen* alleine nicht aus, um auf eine Sittenwidrigkeit zu erkennen.

Sittenwidrige Fremdbestimmung setze des Weiteren voraus, dass der Bedachte nicht ohnehin zum zur Bedingung erhobenen Verhalten entschlossen oder zumindest innerlich bereit war, da ansonsten ein Eingriff in die Freiheitsrechte ausscheide.[222] Im Übrigen müsse *„sowohl das erstrebte Verhalten als auch die Zuwendung von einer solchen Erheblichkeit für den Bedachten sein, dass sie objektiv dazu geeignet sind, dessen freie Willensentscheidung weitgehend auszuschließen, damit überhaupt von einer grundrechtsrelevanten Fremdbestimmung ausgegangen werden kann.“* Erforderlich sei deswegen, dass auf den Empfänger der Zuwendung ein Druck ausgeübt werde, der ihm zwar nicht im rechtlichen Sinne, wohl aber tatsächlich die Möglichkeit der freien Entscheidung nimmt. Eine lediglich mittelbare Beeinflussung der Entscheidung reiche dagegen nicht aus. Bei höheren Vermögenswerten komme es auch darauf an, in welchem Verhältnis das Vermögen des Bedachten zur Höhe der Zuwendung stehe. Übersteige der Zuwendungsgegenstand wertmäßig das Eigenvermögen des Bedachten, so sei regelmäßig von einer massiven Einflussnahme auszugehen. Den Wert des Nachlasses außer Acht zu lassen sei *„lebensfremd.“* Anderenfalls sei unter Beachtung der Lebensführung und der Vermögensverhältnisse des Bedachten im Einzelfall zu prüfen, ob die Zuwendung den Empfänger unter einen derartigen Entscheidungszwang setze, die zu einer sittenwidrigen Fremdbestimmung führe, wobei aber der Richter stets zu beachten habe, dass er nicht seine Vorstellungen an die des Erblassers setzen dürfe. Sittenwidrigkeit dürfe daher nur in extrem gelagerten Ausnahmefällen angenommen werden. Außerdem sei zu beachten, dass auflösende

---

222 *Litzenburger*, in: Bamberger/Roth BGB, online: www.beck-online.de, Datum des Zugriffs: 01.12.2007, § 2074 Rn. 14.

Bedingungen anders zu bewerten seien als aufschiebende Bedingungen, weil letztere nur das Ausbleiben der Zuwendung bewirkten, jene aber zu Vermögensverlusten führten.

Nicht sittenwidrig seien daher alle Bedingungen, „*die im weitesten Sinne geeignet und bestimmt sind, den Bestand des Nachlasses beim Bedachten zu erhalten oder vor dem Zugriff Dritter zu schützen, und zwar selbst dann, wenn dadurch mittelbar Einfluss auf die persönliche Lebensführung des Bedachten genommen wird und weniger einschneidende Mittel (z.B. Testamentsvollstreckung, wohlwollende Pflichtteilsbeschränkung) zur Verfügung stehen*", wobei bei der Frage der Geeignetheit der Bedingung zu obigen Zwecken ein objektiver Maßstab anzulegen sei.

Sittenwidrig seien dagegen alle Bedingungen, „*die erbrechtliche Zuwendungen in vollem Umfang von bestimmten persönlichkeitsbezogenen Entscheidungen des Bedachten abhängig machen, die in überhaupt keinem sachlichen Zusammenhang zum Zuwendungsgegenstand oder dessen Erhaltung stehen.*"

Eine nach diesen Kriterien objektiv sittenwidrige Bedingung könne auch nicht durch eine achtbare Motivation des Erblassers geheilt werden. Umgekehrt seien aber Fälle denkbar, in denen eine objektiv nicht zu beanstandende Bedingung mit einer verwerflichen Gesinnung des Erblassers verknüpft sei. Gerade in den Fällen des Rassismus könnten staatliche Organe nicht zur rechtlichen Durchsetzung entsprechender Verfügungen verpflichtet sein.

(3) Leipold – Verbot der „erkauften" Entscheidung

Wie *Litzenburger* geht auch *Leipold*[223] davon aus, dass es dem Erblasser frei stehe, die Bedachten zu beeinflussen. Dem Erblasser gewähre die Testierfreiheit aber vorrangig lediglich die Möglichkeit, über sein Vermögen zu entscheiden, aber nicht die Befugnis, die Lebensführung der Bedachten zu regeln.[224] Eine Abwägung der betroffenen Grundrechtspositionen sei daher unumgänglich. Die vom BGH geprägte Formel, wonach die Sittenwidrigkeit auf eine „*klare, deutlich umrissene Wertung des Gesetzgebers oder allgemeine Rechtsauffassung*" gestützt werden können muss, werde dabei allerdings der „*Notwendigkeit einer grundrechtsbezogenen Abwägung*" nicht gerecht.[225] Grundlegend und für die Beurteilung der Sittenwidrigkeit einer Anordnung sei dabei, „*ob eine gegen die*

223 *Leipold*, in: MüKo, 4. Aufl. (2004), Band 9, § 2074 Rn. 18 ff.

224 Insoweit wird an die Meinung von *Knobbe-Keuk* angeknüpft, ohne aber daraus auf eine wesensimmanente Beschränkung der Testierfreiheit zu folgern.

225 Gegen diese Formel auch *Goebel*, FamRZ 97, 656. Die Verbindlichkeit einer gesetzgeberischen Wertung hänge nicht davon ab, ob der Gesetzgeber diese klar genug ausgedrückt habe.

guten Sitten verstoßende Verknüpfung von Mittel und Zweck vorliegt, d.h. ob der Erblasser durch wirtschaftlichen Anreiz in einer gegen das „Anstandsgefühl aller billig und gerecht Denkenden" verstoßenden Weise ein bestimmtes Verhalten zu „erkaufen" sucht. Es müsse *„an Hand des Einzelfalls geprüft und bewertet werden, welche Ziele der Erblasser verfolgte und welche Wirkungen (auch auf die tatsächliche Freiheit) von der Bedingung ausgehen.*" Allerdings gelte es, den Grundsatz des Vorrangs der Testierfreiheit, *in dubio pro libertate,* zu beachten.

Im Rahmen der Abwägung sei vor allem auch die objektive Eignung der Zuwendung zur Beeinflussung der Entscheidung des Bedachten zu berücksichtigen. Ferner komme es darauf an, ob die Bedingung generell über die Gültigkeit der Anordnung, also über das *ob* der Zuwendung, oder lediglich über deren Inhalt, also das *wie* entscheide.

In der Regel liege Sittenwidrigkeit nahe, wenn die Anordnung des Erblassers keinerlei sachlichen Bezug zum vermachten Vermögen aufweise. Auch bei Vorliegen eines derartigen Vermögensbezugs stehe diese einer Sittenwidrigkeit der Anordnung nicht entgegen, wenn die zur Bedingung gemachten Handlungen *„nach allgemeinem Wertempfinden nicht in erster Linie von wirtschaftlichen Erwägungen abhängig sein sollten,*" da die Ausübung mittelbaren Drucks auf diese Entscheidung für die Bejahung eines Verstoßes gegen § 138 BGB genügen könne.[226]

Bei Bedingungen in der Form von Ebenbürtigkeits- oder Heiratsklauseln der oben dargestellten Art erwecke bei der gebotenen *„grundrechtsorientierten Abwägung auch die generelle Abwertung möglicher Erben auf Grund der Abstammung oder des Geschlechts erhebliche Bedenken.*" Es sei ein Unterschied, ob ein Erblasser in einem konkreten Fall einen Sohn oder eine Tochter ohne sachlichen Grund bevorzuge, oder ob der Erblasser generelle Kriterien aufstelle, wie z.B. dass weibliche Abkömmlinge generell von der Erbfolge ausgeschlossen sein sollten. Dem Verbot bestimmter Diskriminierungen sei auch im Erbrecht stärkeres Gewicht einzuräumen. Es gehe dabei *„nicht nur um die Entscheidung des konkreten Falles, sondern auch darum, einen Beitrag zur Fortentwicklung des Rechtsbewusstseins zu schaffen.*"

(4) Otte – Verbot des unzumutbaren Drucks

Otte[227] kritisiert an den älteren Ansätzen, die auf dem *„Postulat einer von materiellen Überlegungen unberührten Sphäre von Lebensentscheidungen"* beruhten,

226 Dies ablehnend *Litzenburger,* in: Bamberger/Roth BGB, online: www.beck-online.de, Datum des Zugriffs: 01.12.2007, § 2074 Rn. 15.

227 *Otte*, in: Staudinger, 13. Aufl. (Neubearbeitung 2003) § 2074 Rn. 31.

dass diese nicht geeignet seien, praktisch handhabbare Kategorien von zulässigen und unzulässigen Bedingungen vorzugeben. Nur die Frage nach dem Vorliegen einer ungerechtfertigten Drucksituation führe zu einer angemessenen Beurteilung.

Otte setzt sich auch mit den Kritikern der Abwägungslehre bzw. des Druck-Topos auseinander: Die vorgebrachten Einwände seien zwar „*nicht leicht zu nehmen*", beruhten aber „*letztlich auf lebensfremder Sicht der zu beurteilenden Situationen.*" Es gehe nicht um Fälle, in denen eine „*wirtschaftlich unabhängige und nicht in familiäre Zusammenhänge mit dem Erblasser eingebundene Person vor die Wahl zwischen der Erlangung oder Erhaltung eines Vermögensvorteils und der Verwirklichung eigener Wertvorstellungen*" gestellt sei, sondern um Fälle, in denen „*der Erblasser Angehörigen, deren Lebensgestaltung er mitgeprägt hat, unter Verletzung der Gebote familiärer Verantwortung und Rücksichtnahme (§§ 1353 Abs. 1 S 2, 1618a) eine selbstbestimmte Lebensführung nur unter Inkaufnahme gravierender wirtschaftlicher Nachteile gewähren will.*"

Die Frage, wann von einem unzulässigen Druck auszugehen sei, könne nur unter Berücksichtigung aller Umstände des Einzelfalles entschieden werden. Dem Umfang bzw. dem Wert der Zuwendung käme dabei besondere Bedeutung bei, da wertmäßig geringe Zuwendungen kaum zur Beeinflussung geeignet seien. Darüber hinaus komme es auf die Angewiesenheit des Bedachten auf die Zuwendung an. Dies hänge „*von seinen wirtschaftlichen Verhältnissen, mehr aber noch davon ab, ob und wie weit er sich aufgrund seiner familiären Beziehungen zum Erblasser, seiner beruflichen Bildung und seiner bisherigen Lebensgestaltung auf die Erlangung oder das Behalten der Zuwendung eingerichtet hat und einrichten durfte.*" Auflösende und aufschiebende Bedingungen seien auch unterschiedlich zu behandeln, da der Verlust einer Vermögensposition nicht dem Ausbleiben einer Vermögensmehrung gleichstehe.[228] Zu beachten sei auch, inwieweit das zur Bedingung gemachte Verhalten überhaupt den Bedachten „*in Schwierigkeiten*" bringen könne bzw. überhaupt auf einen möglicherweise entgegenstehenden Willen des Bedachten stoße. Unzumutbares Verhalten, wie das postmortale Öffnen der Pulsadern des Erblassers, dürfe der Erblasser nicht zur Bedingung machen, auch wenn eine solche Anordnung auf die Angst zurückzuführen sei, lebendig begraben zu werden.[229]

Auch das Motiv des Erblassers könne entgegen der von *Loritz*[230] vertretenen Gegenauffassung nicht unberücksichtigt bleiben, da die Beeinträchtigung der Entschließungsfreiheit des Bedachten durch die Anordnung des Erblassers kaum

228 So auch *Litzenburger,* in: Bamberger/Roth BGB, online: www.beck-online.de, Datum des Zugriffs: 01.12.2007, § 2074 Rn. 9.

229 Vgl. dazu BayObLG, Beschluss vom 10.12.1985 – 1 Z 59/85, FamRZ 86, 606 ff.

230 *Loritz,* in: Soergel, 13. Aufl. (2002) § 2074 Rn. 24.

jemals solche Ausmaße erreichen dürfte, dass diese schon objektiv, also ohne *„Rücksicht auf Wille und Vorstellung des Erblassers, sittlich verwerflich sein könnte.“* Dabei sei aber keine Absicht des Erblassers zu fordern. Ausreichend sei, dass der Erblasser sich rechtsblind stelle, also *„sich der Erblasser der Einsicht in die durch die Bedingung herbeigeführte unzumutbare Zwangslage des Bedachten“* verschließe. Dieser Grundsatz sei im Rahmen des § 138 BGB allgemein anerkannt.

Demzufolge gelte für Bedingungen, die die Eheschließung bzw. die Ehescheidung betreffen, Folgendes: Zulässig sei die auflösende Bedingung der Eheschließung, sofern die Zuwendung, *„nur die Unversorgtheit einer unverheirateten Bedachten ausgleichen“* solle. Die aufschiebende Bedingung der Eheschließung sei unbedenklich, auch falls sich dies auf die Eheschließung mit einer konkreten Person beziehe. Dies habe nicht nur dann zu gelten, *„wenn die Zuwendung die wirtschaftlichen Voraussetzungen für die Familiengründung schafft oder verbessert“*, sondern auch dann, falls der Umfang der Zuwendung *„über das dafür Erforderliche hinaus“* gehe. Dem Erblasser stehe es frei, *„die Voraussetzungen einer problemlosen Weitervererbung seines Vermögens in seiner Familie“* zu wahren. Dadurch entstehe kein *„wirtschaftlicher Zwang zur Eheschließung“* Die *„mögliche Motivierung des Bedachten zur Heirat durch die Aussicht zu erben“*, könne nur unter Verkennung der Lebensrealität als verwerflich angesehen werden. Die auflösende Bedingung der Heirat einer bestimmten Person oder eines Angehörigen einer bestimmten Personengruppe sei dagegen unzulässig.

Für Wiederverheiratungsklauseln sei Folgendes zu beachten: Dem Erblasser stehe kein Recht zu, *„einen (gegenüber anderen Personen offenbar unzulässigen) Druck in Richtung auf das Unterlassen der Wiederheirat auszuüben.“* Dieses Recht könne insbesondere nicht daraus gefolgert werden, dass der Erblasser mit dem Bedachten verheiratet war. Zwar stehe es dem Erblasser frei, dafür zu sorgen, dass weder der neue Ehegatte noch Abkömmlinge aus der neuen Ehe die erbrechtliche Position der Abkömmlinge des Erblassers schmälern könnten. Zu diesem Zweck sei es aber ausreichend, dass der überlebende Ehegatte durch letztwillige Verfügung zum durch Wiederverheiratung aufschiebend bedingten Vorerben gemacht würde. Wiederverheiratungsklauseln, bei denen der Nacherbfall selbst bereits mit der erneuten Heirat des Überlebenden eintrete oder bei denen der überlebende Ehegatte im Falle der erneuten Eheschließung ein Vermächtnis erheblichen Umfangs herauszugeben habe, stießen über das legitime Ziel der Nachlasssicherung für die Abkömmlinge des Erblassers hinaus und hätten *„Strafcharakter“*. Zwar habe bei derartigen Konstruktionen der Bedachte gem. § 2306 I S 2 die Wahl zwischen dem durch die Klausel beeinträchtigten Erbteil und dem Pflichtteil, nach Ablauf der Ausschlagungsfrist sei er aber an seine Entscheidung gebunden, so dass ihm im Fall der erneuten Heirat auch kein

Pflichtteilsanspruch mehr zustehe. Daher sollten nach Ansicht *Ottes* „*alle Wiederverheiratungsklauseln verworfen werden, die den Ehegatten im Falle der Wiederheirat über das zur Sicherung des Nachlasses für die Abkömmlinge des Erblassers erforderliche Maß hinaus belasten. Erforderlich, aber auch hinreichend ist die Beschränkung des Ehegatten auf eine bis zu seinem Tode währende Vorerbenstellung [...]. Relevant sind aber nur erhebliche Belastungen, so dass der Umfang sowohl des Nachlasses als auch des Eigenvermögens des Ehegatten in Betracht zu ziehen ist.*"

(5) Goebel – interaktionistische Drucktheorie

Goebel[231] schließt sich der Abwägungslehre und insbesondere dem Druck-Topos im Ergebnis an, liefert für die Richtigkeit einer derartigen Auffassung aber eine andere Begründung. Dabei geht er davon aus, der Erblasser müsse, um dem Vorwurf eines selbstwidersprüchlichen Verhaltens zu entgehen, „*den Bedachten als Rechtsperson anerkennen.*" Erblasser und Bedachter begegneten sich im Rechtsverkehr als „*Rechtspersonen und Rechtsträger*", die in einem „*Anerkennungsverhältnis zueinander*" stünden. Der Erblasser müsse daher beispielsweise die Eheschließungsfreiheit des anderen anerkennen. Der Gedanke derartiger Anerkennungsverhältnisse sei im Vertragsrecht schon länger anerkannt. Bei der vertragsrechtlichen Imparitäts-Debatte gehe es ebenfalls um die Umgehung persönlicher Freiheiten und um das rechtlich geschützte Selbstbestimmungsrecht. Auch in den Fällen, in denen durch die Inhaltskontrolle von Verträgen eine Imparität der Vertragsparteien kompensiert werden solle,[232] stünden dem geschützten Vertragspartner vor Vertragsschluss keinerlei Rechte an dem begehrten Leistungsgegenstand zu. Der Imparitätsgedanke setze ein solches Anerkennungsverhältnis voraus. Die Vertragsparteien begriffen sich im vertraglichen Kontext stets gegenseitig als Rechtspersonen. Beim „*rechtgeschäftlich-erbrechtlichen Handeln*" gelte nichts anderes. Trotz der Nichtempfangsbedürftigkeit der erbrechtlichen Willenserklärung sei Testieren stets auch ein Interagieren mit dem Bedachten und kein Handeln im „*sozial-leeren Raum.*"[233] Das erbrechtliche Geschäft weise infolge des Umstands, dass der Bedachte stets noch sein Einverständnis mit dem Inhalt der Zuwendung durch eine unterlassene Ausschlagung der Erbschaft signalisieren müsse, eine „*Konsensstruktur*" auf, so dass sich vertragliche und testamentarische Kategorien annäherten: „*Der Wirkmechanismus*

231 *Goebel*, FamRZ 97, 656 ff.

232 Vgl. dazu die Rechtsprechungsnachweise bei *Litzenburger*, in: Bamberger/Roth BGB, online: www.beck-online.de, Datum des Zugriffs: 01.12.2007, § 2074 Rn. 9.

233 In diese Richtung im Anschluss an *Goebel* auch *Otte*, in: Staudinger, 13. Aufl. (Neubearbeitung 2003) § 2074 Rn. 31a.

der einseitigen letztwilligen Verfügung“ könne „*als zeitlich verschobenes, um die normative Bindungswirkung kupiertes, im faktischen Konsens der unterlassenen Ausschlagung aber in der Vertragsähnlichkeit kulminierendes Verfahren verstanden werden.*“ Unter Zugrundelegung dieses „*funktional-relationierend, interaktionistisch geprägten Verständnis der Testierfreiheit*“, gebe es daher durchaus „*so etwas wie eine ‚testamentarisch bedingte Imparität des Bedachten*‘“ Mit einem derartigen Verständnis sei daher auch die Abwägungslehre bzw. der Druck-Topos mit den grundsätzlichen erbrechtlichen Wertungen, insbesondere mit dem Einwand, der Bedachte habe ohnehin kein Recht auf das Vermögen des Erblassers, in Einklang zu bringen.

(6) Kellenter – 4 Stufen Theorie

Kellenter[234] unterscheidet im Anschluss an *Thielmann*[235] zwischen der Sittenwidrigkeit einer Bedingung wegen Grundrechtsverstößen und „*einfacher Sittenwidrigkeit*“.[236] Erstere lasse sich anhand eines vierstufigen Prüfungskatalogs feststellen. Zunächst müsse geprüft werden, ob das zur Bedingung erhobene Verhalten sich als Ausübung einer grundrechtlich geschützten Freiheit darstelle. Sodann sei zu überprüfen, ob der Bedachte in der Ausübung dieser Freiheit überhaupt beeinträchtigt sei, d.h. ob auf ihn ein Druck ausgeübt werde, der ihn in seiner Entscheidungsfreiheit objektiv beeinträchtige. Anschließend sei der Frage nachzugehen, ob diese Beeinträchtigung gerade des Ziel des Erblassers gewesen sei. Sofern all dies der Fall sein sollte, sei in einem letzten Schritt noch zu prüfen, ob „*die Grundrechtsbeeinträchtigung zur Sittenwidrigkeit der Verfügung führt oder ob sie im Hinblick auf die Testierfreiheit des Erblassers vorgenommen werden durfte.*“[237] Diese Abwägung solle nach dem für Grundrechtskollisionen üblicherweise heranzuziehenden Grundsatz der praktischen Konkordanz durchgeführt werden. Wegen des Vermögensbezugs der Testierfreiheit spreche „*die Vermögensbezogenheit einer Verfügung von Todes wegen eher für die ihre Zulässigkeit, eine Verhaltensbezogenheit eher für ihre Sittenwidrigkeit.*“ Im Rahmen der Abwägung sei auch maßgeblich der Druck zu bewerten, der auf den Bedachten ausgeübt werde. Sofern dieser „*unwiderstehlich*“ sei, bestehe eine Vermutung für die Sittenwidrigkeit der Bedingung. Sofern aber „*bei der Abwägung alle Kriterien für eine Zulässigkeit sprechen*“, so könne aber „*im Ausnahmefall auch in Fällen unwiderstehlichen Drucks eine Sittenwidrigkeit zu verneinen sein.*

234 *Kellenter*, Diss. (1989), S. 70 ff.
235 *Thielmann*, Habil. (1972), S. 213.
236 *Kellenter*, Diss. (1989), S. 99.
237 *Kellenter*, Diss. (1989), S. 78.

Eine „einfache Sittenwidrigkeit" sei gegeben bei Verstößen gegen die außerrechtliche Sittenordnung. Dies komme insbesondere dann in Betracht, wenn ein zur Bedingung erhobenes Verhalten nicht von einem Grundrecht geschützt sei. In diesem Fall sei ebenfalls die Intensität des Drucks maßgeblich. Bei der Frage der Zulässigkeit der Verknüpfung materieller Vorteile mit Entscheidungen, *„die an sich nach herrschender Moralanschauung frei von materiellen Gesichtspunkten getätigt werden sollen"* käme ebenfalls *einfache Sittenwidrigkeit* in Betracht. Diese Geschäfte seien nach dem Gesamtcharakter des Geschäfts, der sich aus Inhalt, Zweck und Motive ergebe, zu beurteilen.

c) Stellungnahme[238]

Loritz Ansatz vermag nicht zu überzeugen. Zum Teil wird dadurch lediglich die Rechtsprechung des RG wiedergegeben. Das darüber hinaus geforderte Kriterium der *„objektiv von der Rechtsordnung nicht hinzunehmenden Einschränkung der Entschließungsfreiheit"* ist konturlos. Der Anknüpfungspunkt der Entschließungsfreiheit wird nicht genannt. Somit bleibt unklar, welcher Natur der Entscheidungskonflikt sein muss, um den Schutz vor einer Beeinträchtigung für sich in Anspruch nehmen zu dürfen. Auch bleibt im Dunkeln, welche Beeinträchtigung der Freiheit des Bedachten von der Rechtsordnung objektiv nicht hingenommen werden kann. Genau diese Frage gilt es an sich aber gerade zu klären. Der Ansatz ist daher zirkulär.

Die für zulässig erachteten Bedingungen offenbaren des Weiteren die argumentative Schwäche des Lösungsansatzes: Die Verheiratung als aufschiebende Bedingung mag den Bedachten sehr wohl *„objektiv"* in seiner Entscheidung einschränken und müsste damit an sich als sittenwidrig verworfen werden. Die Freiheit der Entscheidung des Bedachten könnte nämlich dahingehend beeinträchtigt sein, dass er verleitet ist, eine nicht von gegenseitiger Liebe geprägte Ehe trotzdem einzugehen, gerade um in den Genuss des Nachlasses zu kommen. Es wird wohl niemand ernstlich behaupten wollen, dass es keine Eheschließungen zum Zweck der finanziellen persönlichen Bereicherung eines Ehegatten gäbe. *Loritz* Annahme, dass sich *„vernünftigerweise"* niemand nur verheiraten würde, um eine Erbschaft zu erlangen, ist lebensfremd.

Auch die durch Heirat auflösend bedingte Zuwendung soll nach *Loritz* zulässig sein, falls der Erblasser von dem Gedanken bewegt werde, dass der Bedachte durch die Heirat den Zuwendungsgegenstand nicht mehr benötigt. Die Motivation des Erblassers, an sich nach *Loritz* nur *„in Grenzfällen"* maßgeblich, spielt also auch in diesem Lösungsansatz doch keine so untergeordnete Rolle. Darüber

238 Vgl. zur Kritik an den Auffassungen von *Otte* und *Goebel* allgemein unten C. III.

hinaus kann der Bedachte möglicherweise auch bei einer solchen Anordnung in seiner Entscheidung über die Eheschließung beeinträchtigt sein und eine gewollte Eheschließung womöglich aus Angst vor Verlust der Zuwendung unterlassen. Dies erkennt wohl auch *Loritz* und fügt hinzu, dass die Rechtmäßigkeit einer solchen Anordnung stets voraussetze, dass der Bedachte infolge der Verheiratung nur für die Zukunft nichts mehr erhalte bzw. nur etwas herausgeben müsse, das er ohnehin nicht mehr benötige. Die Hinzufügung einer derartig speziellen weiteren Voraussetzung zeigt, wie uferlos das angebotene Kriterium ist: Es kommt ohne nähere Spezifizierung nicht aus.

Die Zulässigkeit der Wiederverheiratungsklausel kann *Loritz* schließlich auch nur damit erklären, dass der Überlebende eine Drucksituation in Kauf nehmen müsse, da es „*nun einmal das legitime Interesse des verstorbenen Ehegatten*“ sei, das Vermögen seinen Kindern zu übertragen und nicht einem neuem Partner zukommen zu lassen. Dies steht freilich im krassen Widerspruch zur Aussage, dass das „*Verdikt der Sittenwidrigkeit hier den Schutz der Entschließungsfreiheit des Bedachten zum Ziel*“ habe und dieser Schutz nicht durch eine achtbare Motivation des Erblassers herabgemindert werden dürfe.

Litzenburgers theoretische Ausführungen, wie die Sittenwidrigkeit einer Potestativbedingung zu überprüfen sei, nämlich anhand einer einzelfallbezogenen Grundrechtsabwägung, bei der es zum einen auf die Natur der betroffenen Grundrechte, insbesondere aber auch auf das Vorliegen einer Drucksituation ankomme, passen nicht ganz zu den von ihm daraus gezogenen Schlüssen. Der auf die jeweils betroffenen Grundrechte abstellende Prüfungskatalog wird im Ergebnis außer Kraft gesetzt, wenn letztendlich entscheidend sein soll, ob die Bedingung in einem hinreichend „*sachlichen Zusammenhang zum Zuwendungsgegenstand oder dessen Erhaltung*“[239] steht. Gleiches gilt, wenn schlussendlich doch allein auf die Verhinderung der Verwirklichung einer verwerflichen Gesinnung, wie sie unbestritten bei rassistischen Motiven vorliegt, abgestellt wird.[240]

Auch *Leipolds* Argumentationsansatz ist in sich nicht stimmig. Während er einerseits die Erforderlichkeit einer grundrechts- und einzelfallbezogenen Abwägung betont, schließt er sich im Ergebnis doch tendenziell der älteren Lehre und Rechtsprechung an, wenn er ausreichen lässt, dass der Erblasser mittelbar Entscheidungen beeinflussen will, die“*nach allgemeinem Wertempfinden nicht in erster Linie von wirtschaftlichen Erwägungen abhängig sein sollten*“.[241] Bedenklich ist auch die Forderung nach einem „*Beitrag zur Fortentwicklung des Rechts-*

239 *Litzenburger*, in: Bamberger/Roth BGB, online: www.beck-online.de, Datum des Zugriffs: 01.12.2007, § 2074 Rn. 19.

240 *Litzenburger*, in: Bamberger/Roth BGB, online: www.beck-online.de, Datum des Zugriffs: 01.12.2007, § 2074 Rn. 22.

241 *Leipold*, in: MüKo, 4. Aufl. (2004), Band 9, § 2074 Rn. 24.

bewusstseins" hin zur Unzulässigkeit bestimmter Diskriminierungen im Rahmen von letztwilligen Verfügungen. Die Freiheit des Erblassers als Individuum im Rechtsverkehr, sein Vermögen nach Kriterien zu verteilen, welche ein Hoheitsträger bei Entscheidungen wegen Art. 3 GG nicht anlegen dürfte, ist jedoch unbestritten. Die von *Leipold* geforderte Rechtsentwicklung würde mit diesem Grundsatz brechen und dadurch die Testierfreiheit aushöhlen.

Die Einteilung in Sittenwidrigkeit wegen Grundrechtsverstoßes und einfache Sittenwidrigkeit, wie *Kellenter* im Anschluss an *Thielmann* sie vorschlägt, überzeugt nicht. Das vorgeschlagene Prüfungsraster erweist sich bei näherem Hinsehen als Zirkelschluss und als Vermischung einzelner Elemente der Rechtsprechung und der Literaturauffassungen. Einen Erkenntnisgewinn bringt es nicht. Die Argumentation ist deswegen zirkulär, weil sie im Rahmen der letzten vorgeschlagenen Prüfungsstufe der Abwägung die Frage beantworten will, ob eine irgendwie geartete Beeinträchtigung des Bedachten *„zur Sittenwidrigkeit der Verfügung führt oder ob sie im Hinblick auf die Testierfreiheit des Erblassers vorgenommen werden durfte."*[242] Diese Frage ist aber bereits der Ausgangspunkt der Sittenwidrigkeitsprüfung. In die Abwägung soll schließlich auch der von *Knobbe-Keuk* in die Diskussion eingebrachte Vermögensbezug der Anordnung eingestellt werden, während eine Analyse der Motive des Erblassers, wie sie auch in der Rechtsprechung gefordert wird, der Abwägung vorzugehen hat. Schließlich soll die *einfache Sittenwidrigkeit* insbesondere dann in Betracht kommen, wenn ein Verhalten nicht grundrechtlich geschützt ist.[243] Jedes Verhalten fällt aber zumindest in den Schutzbereich des Art. 2 I GG, was auch *Kellenter* selbst einräumt.[244] Für die geforderte Fallgruppe der einfachen Sittenwidrigkeit bliebe damit kein Anwendungsbereich mehr.

4. Generelle Zulässigkeit letztwilliger Potestativbedingungen

a) Einzelne Ausprägungen und Begründungsansätze

(1) Gutmann

Gutmann[245] geht davon aus, dass mit einer bedingten Erbeinsetzung niemals eine Beeinträchtigung der Rechte der Erbanwärter verbunden sein könne. Außerhalb

---

242 *Kellenter*, Diss. (1989), S. 78.
243 *Kellenter*, Diss. (1989), S. 85.
244 *Kellenter*, Diss. (1989), S. 84.
245 *Gutmann*, NJW 04, 2347 ff.

des Pflichtteilsrechts sei eine letztwillige Zuwendung stets als Schenkung zu qualifizieren, auf die niemand einen Rechtsanspruch habe oder in rechtlich beachtenswerter Weise hoffen dürfe. Es sei daher *„rechtstheoretisch schlechthin ausgeschlossen, mit einem Angebot, das einer Person unterbreitet wird, in deren Freiheitsrechte einzugreifen.“* Eine bedingte Erbeinsetzung stelle stets ein Angebot dar, durch das niemand in seinem Freiheitsrecht verletzt sein könne, da dadurch lediglich der Handlungsspielraum des Adressaten um eine ansonsten nicht bestehende Alternative erweitert werde. Frei bzw. freiwillig zu handeln sei nicht gleichzusetzen mit einem Handeln frei von Dritteinfluss. Das Recht der Eheschließungsfreiheit umfasse eben auch *„das Recht, sich beeinflussen zu lassen und selbst zu entscheiden, welche Beweggründe für die Partnerwahl bestimmend sein sollen.“* Es sei gerade Ausdruck der Freiheit der Bedachten, welche Interessen sie verfolgten und zum Handlungsmotiv werden ließen. Art. 6 I GG schütze *„nicht nur die bürgerliche Liebesheirat.“* Dem Erbe stehe es frei, aus monetären Gründen zu heiraten, um sich die Zuwendung zu erhalten. Dieser Umstand möge bedauerlich sein, sei deswegen aber nicht rechtswidrig. Der nach der Rechtsprechung des BVerfG vermeintlich in einer bedingten Erbeinsetzung zu erblickende *„unzumutbare Druck“*[246] bezeichne nichts weiteres als das *„nackte Interesse des Erben am Vermögen des Erblassers.“* Dieses Interesse sei aber rechtlich in keinem Fall schützenswert, deswegen sei auch der Wert des Nachlasses unbeachtlich. Der Erbe habe keine legitime Erwartung, das Erbe *„überhaupt bzw. unbedingt zu erhalten.“* Die These, durch das Inaussichtstellen materieller Vorteile könne eine Freiheitsminderung eintreten, führe im Ergebnis dazu, dass auch das Inaussichtstellen eines besonders lukrativen Stellenangebots einen Eingriff in die durch Art. 12 I GG geschützte Berufsfreiheit nach sich ziehen würde. Es sei sogar eine Schutzpflicht des Staates denkbar, zum Schutz vor direkten Eingriffen *„in die durch Art. 6 I GG geschützte Entschließungsfreiheit von Junggesellen, die durch Frauen drohen, die klug, warmherzig und schön (und dazu vielleicht noch außergewöhnlich reich) sind.“* Art. 6 I GG könne durch Heiratsklauseln, wie sie der Entscheidung des BVerfG vorlagen, allenfalls insoweit berührt sein, als er Bestandsschutz für bereits bestehende Ehen gewähre. Es sei *„also denkbar, dass eine erbrechtliche Potestativbedingung, die eine letztwillige Verfügung daran knüpft, dass sich der Erbanwärter scheiden lässt oder seine Familie verlässt, wegen Verstoßes gegen Art. 6 I GG dem Verdikt der Sittenwidrigkeit unterfällt, weil diese Grundrechtsnorm Handlungen missbilligt, die auf die Auflösung bestehender Ehen und Familien zielen.“* Die insbesondere vom BVerfG verfolgte Linie begreife die potentiellen Erben als *„Triebwesen“*, die *durch materielle Reize zielgenau determinierbar sind, wenn nur die angebotene Zuwendung*

246 Vgl. C. I. 14.

groß genug ist.“ Dies sei mit dem Menschenbild des eigenverantwortlich entscheidenden Individuums, welches dem GG zugrunde liege, nicht vereinbar. Vor allem werde aber deutlich, dass die vorgegebene Linie und die Annahme eines grundrechtlichen Schutzauftrags an den Zivilrichter letztlich eine unmittelbare Drittwirkung der Grundrechte im Privatrecht nach sich ziehe. Eine staatliche Schutzpflicht für Freiheitsrechte Privater setze aber nach einhelliger Auffassung voraus, „*dass seitens des Privaten, gegen dessen Verhalten die Schutzpflicht aktiviert wird, ein Eingriff in eine grundrechtliche Position des zu Schützenden vorliegt oder doch zumindest droht.*“[247] Die Entscheidung des BVerfG habe dem Verständnis des Eingriffs jede Kontur genommen.

(2) Muscheler

Auch *Muscheler*[248] geht davon aus, dass jede Art von Potestativbedingung lediglich eine Einschränkung dieser Zuwendung darstellt, nicht jedoch eine Beschränkung einer Rechtsposition, welche dem Bedachten schon vor der Zuwendung zugestanden hätte. Der Erblasser könne unbestritten lebzeitig finanzielle Anreize für ein bestimmtes Verhalten setzen. Gleiches müsse auch für seine letztwillige Verfügung gelten. Im Übrigen folge aus der Bedingung keine Handlungspflicht für den Betroffenen. Freiheit bedeute ebenfalls die Freiheit, „*sich kaufen zu lassen*“. In diesem Zusammenhang seien nicht die Anordnungen des Erblassers sittenwidrig, sondern „*Rechtsansichten, die dem Bedachten nicht zutrauen, diesen Druck auszuhalten und ihm nicht ermöglichen, dem Druck zu erliegen.*“

(3) Isensee

Auch *Isensee*[249] hält insbesondere erbrechtliche Potestativbedingungen für zulässig, die darauf gerichtet sind, „*Familienkontinuität zu sichern, Vermögenseinheit zu wahren und den geeigneten Erben eines bäuerlichen oder kaufmännischen Betriebs zu bestimmen*“. Derartige Anordnungen seien „*dem republikanischen ordre public des Grundgesetzes kompatibel*“ und brächten „*die Staatsform des Grundgesetzes nicht ins Wanken.*“

Dem Testator sei mit dem Institut der Testierfreiheit Willkür gestattet. Es sei irrelevant, ob ein mit der Sache befasster Richter die Verfügung nachvollziehen könne oder ob sie ihm „*als Ausdruck blaublütiger Arroganz und atavistischem*

---

247 *Gutmann*, NJW 04, 2347,2349 Fn.19 m.w.N.

248 *Muscheler*, Zur Unwirksamkeit eine Erbunfähigkeitsklausel im Erbvertrag eines Adelsgeschlechts, ZEV 99, 151, 152.

249 *Isensee*, DNotZ 04, 754 ff.

Standesdünkels" anstößig erscheine. Es sei ihm verwehrt, die Auswirkungen einer Verfügung von Todes wegen an den eigenen Gerechtigkeitsvorstellungen zu messen. Sämtliche schutzwürdigen Erwartungen der Angehörigen würden durch das Pflichtteilsrecht genügend abgedeckt. Das Bestehen von Pflichtteilsansprüchen schränke zwar das Recht des Erblassers auf vollumfängliche Vermögensverteilung nach eigenem Gutdünken ein, spiegelbildlich entlaste es ihn aber vor jeder weitergehenden sozialen und familiären Verpflichtung. Der Erblasser sei an die Grundrechte des Bedachten nicht gebunden. Auch eine Drittwirkung der Grundrechte bestehe nicht, da diese ausschließlich die öffentliche Gewalt verpflichteten. Der Testator schulde überdies keinerlei Rechtfertigung, wenn er durch letztwillige Verfügung von der gesetzlichen Erbfolge abweichen wolle. Diese stelle keine festgeschriebene Norm dar, deren Missachtung nur im begründeten Ausnahmefall zulässig sei, sondern schaffe lediglich ein Regelung für den Fall, dass der Erblasser seinen letzten Willen überhaupt nicht bzw. nicht formgerecht niedergelegt habe.

Das Kriterium des „unzumutbaren" Drucks, mit dem das BVerfG argumentiere, sei *„juristisch belanglos."* Die Eheschließungsfreiheit des Bedachten sei nicht betroffen, da es ihm freistehe, seine Ehepartnerin nach freien Stücken zu wählen. Art. 6 I GG schütze den potentiellen Erben nicht davor, dass der potentielle Erblasser mit dieser Eheschließung nicht einverstanden sei und entsprechende, auch letztwillige, Maßnahmen treffe. Eine auf die grundrechtliche Werteordnung zu stützende Schutzpflicht des Staates, den Einzelnen vor grundrechtlich relevanten Beeinträchtigungen durch Private zu schützen, sei nur in Fällen gegeben, in denen *„physischer Zwang, Drohung, Täuschung oder sonstige Ingerenzen*" bestünden bzw. vorlägen. Eine Schutzpflicht können aber nicht zum Ziel haben, den Einzelnen vor jeglichem gesellschaftlichen Druck oder den Einschränkungen zu schützen, die sich aus der legitimen Grundrechtsausübung anderer ergeben.

Weiterhin führe das Urteil des BVerfG dazu, dass sich letztlich jede privatrechtliche Streitigkeit *„mühelos in eine grundrechtliche übersetzen, aus der Einbettung in ein relativ dichtes, gefestigtes Normensystem lösen"* lasse *„und zu den diffusen Sphären metarechtlicher Werte und unkalkulierbarer Abwägungen emporheben"* lasse. Das BVerfG erweitere durch diese Entscheidung seine selbstbegründete Zuständigkeit zur Überprüfung privatautonomer Akte[250] in grundsätzliche Bedenken zu dieser Rechtspraxis auslösenden Weise.

Trotz der Bejahung weitgehender erbrechtlicher Gestaltungsbefugnisse geht *Isensee* allerdings unter Berufung auf die von *Knobbe-Keuk* entwickelte Lehre am Rande seiner Ausführungen davon aus, dass eine Potestativbedingung, die

250 BVerfG, Beschluss vom 10.06.1964 – 1 BvR 37/63, BVerfGE 18, 85, 93.

vom Bedachten verlange, auf Lebenszeit in einer Ehe mit einem Partner aus ebenbürtigem Hause zu leben, unzulässig wäre.[251]

(4) Kroppenberg

Kroppenberg[252] kritisiert die von der Rechtsprechung und der übrigen Literatur erarbeiteten Lösungsansätze unter dem Gesichtspunkt, dass die entsprechenden Denkweisen zu sehr in lebzeitigem Gedankengut verwurzelt seien und die Besonderheiten des erbrechtlichen Geschäfts unbeachtet ließen.

Lebzeitiges und erbrechtliches Rechtsgeschäft unterschieden sich grundlegend in ihrer Struktur: Unter Lebenden sei es gerade die *„kommunikativ-prozedurale Dimension der gleichzeitigen und gegenseitigen Möglichkeit zur Einflussnahme auf den Verhandlungs*prozess, *der die Vertragsfreiheit [...] und ihr Produkt, den Vertrag als Ergebnis eines reziproken Abwägens mit kompromisshaftem Charakter, auf der Ebene des einfachen Gesetzesrechts als „richtig" erscheinen*" ließe.[253] Dem Zivilrecht liege die Grundidee des Aushandelns von Verträgen als gesetzliches Leitbild zugrunde. Dieser Verhandlungsgrundsatz finde sich beispielsweise in den anerkannten Regeln über das Schweigen auf ein kaufmännisches Bestätigungsschreiben wieder. Dieses entfalte nur dann Rechtswirkungen, wenn tatsächlich auch Vertragsverhandlungen vorausgegangen seien.[254] In § 305 I S. 1 BGB habe dieser Grundsatz Ausdruck darin gefunden, dass das Aushandeln von Vertragsbedingungen als Indiz für das Vorliegen einer individualvertraglichen Vereinbarung gelte.[255] Nicht zuletzt komme der *„Verfahrensmodus*" des Aushandelns in § 150 Abs. 2 BGB zum Ausdruck, wonach eine mit dem Antrag inhaltlich nicht übereinstimmende Annahmeerklärung als neuer Antrag gelte, der die Kommunikation zwischen den Parteien aufrecht erhalte.

Im Erbrecht sei dagegen die inhaltliche *„Richtigkeit*" des Rechtsgeschäfts nicht durch ein Verfahren gewährleistet. Der Erblasser verhandele auch dann, wenn er einen Erbvertrag schließt, nicht über die Rechtsnachfolge. Das BGB gehe vielmehr davon aus, dass der Erblasser seine letztwillige Verfügung alleine treffe und die Betroffenen davon nicht notwendig erführen. Eine Mitteilungs-

251 *Isensee*, DNotZ 04, 754, 761 Fn. 19.

252 *Kroppenberg*, DNotZ 06, 86 ff.

253 Zur Theorie der Richtigkeitsgewähr des Vertrags vgl. *Schmidt-Rimpler*, Grundfragen einer Erneuerung des Vertragsrechts, AcP 147, S. 130, 149 ff.

254 Vgl. zum Schweigen auf ein kaufmännisches Bestätigungsschreiben statt vieler *Heinrichs*, in Palandt, 67. Aufl. (2008) § 147 Rn. 8.

255 Individualvereinbarungen sind als solche nicht der strengen AGB-Kontrolle der §§ 305 ff. BGB unterworfen. Sie können somit als „richtig" im Sinne einer vom beiderseitigen Parteiwillen getragenen Vereinbarung angesehen werden.

funktion komme der letztwilligen Verfügung nicht zu. Der Erbe nehme mit dem Erbfall auch nicht eine Willenserklärung des Erblassers entgegen, die auf Zuwendung des Nachlasses gerichtet wäre, sondern gem. § 1943 BGB die *Erbschaft* an sich. Die erbrechtliche Zuwendung sei im Gegensatz zur vertraglichen Zuwendung unter Lebenden in zeitlicher Hinsicht keine Synchrone: Der übereinstimmende Wille von Erblasser und Erbe im Hinblick auf Weggabe und Erhalt der Zuwendung lägen naturgemäß lediglich zeitversetzt vor. Damit gehe notwendig einher, dass dem Bedachten keinerlei Einflussmöglichkeiten auf das Zustandekommen und den Inhalt der Verfügung zukämen. Dies sei jedoch auch nicht in dem Maße erforderlich wie bei lebzeitigen Verträgen mit sofortiger Bindungswirkung. Da die letztwillige Verfügung erst mit dem Erbfall Rechtswirkungen entfalten könne, genüge eine gleichsam „*zeitversetzte Ergebniskontrolle*“ durch den Erben zu diesem Zeitpunkt. Diese Ergebniskontrolle sei ihm durch das Institut der Ausschlagung gem. § 1942 ff. BGB möglich. Aus der asynchronen Natur der letztwilligen Verfügung ergebe sich, dass der Erbe nur im Ganzen über die Annahme oder Ausschlagung entscheiden könne und inhaltliche Kompromisse nicht möglich seien.

Sämtlichen bisher formulierten Lösungsvorschlägen läge die Idee zugrunde, dass eine „*Herrschaft aus dem Grab*“[256] verhindert werden müsse. Wenn aber „*die Welt der Lebenden wegen einer Verfügung von Todes wegen durcheinander*“ gerate, dann nur, weil die Lebenden dies zuließen. Die Privatautonomie des Erblassers finde ihre Grenze stets an derjenigen des Bedachten. An ihm läge es, sich gegen eine als Zumutung empfundene Verfügung mit den bestehenden rechtsgeschäftlichen Instrumentarien zur Wehr zu setzen.[257] Die Kehrseite davon sei, dass er die Konsequenzen seiner Entscheidung in aller Regel auch dann tragen müsse, wenn er davon „*keinen oder nur unüberlegten Gebrauch*“ mache. Es gäbe keinen Grund, warum dies „*von Todes wegen anders sein sollte als unter Lebenden.*“

b) Stellungnahme

Dem insbesondere von *Gutmann, Muscheler und Isensee* in den Vordergrund gestellten Gedanken der Freiheit des Individuums, einem unmoralischen Angebot des Erblassers zu erliegen, ist im Ergebnis zuzustimmen. Freiheit bedeutet auch die Freiheit zu törichten Entscheidungen, die ein Außenstehender als moralisch verwerflich ansehen mag. Dieses Werturteil indiziert indes nicht die rechtliche

256 *Schlüter*, FZ 1934/1935, S. 575, 579, 582.
257 So auch schon *Goebel*, FamRZ 97, 656, 660 allerdings ohne daraus den Schluss zu ziehen, Potestativbedingungen seien im Hinblick auf § 138 BGB unbedenklich.

Unzulässigkeit. Letztere kann nur dann angenommen werden, wenn sich die gefühlte Verwerflichkeit in einen Verstoß gegen rechtliche Wertungen übersetzen läßt.[258]

Gutmann ist aber insoweit zu widersprechen, als er es für denkbar hält, dass eine erbrechtliche Potestativbedingung, die eine letztwillige Verfügung daran knüpft, dass sich der Erbanwärter scheiden lässt oder seine Familie verlässt, wegen Verstoßes gegen Art. 6 I GG dem Verdikt der Sittenwidrigkeit unterfallen kann. Stellt eine Bedingung lediglich eine Erweiterung der Entscheidungsalternativen des Erbanwärters dar, dann steht es ihm bei einer Bedingung der vorbezeichneten Art ebenso frei, dem unterbreiteten Angebot zu erliegen, wie es ihm frei steht, ihm zu widerstehen. Diese Situation unterscheidet sich nicht von der im Falle von Heirats- bzw. Ebenbürtigkeitsklauseln. Ebenso wie es die alleinige freie Entscheidung des Erben ist, sich aus monetären Gründen zu verheiraten, ist sie es, sich aus rein finanziellen Gründen scheiden zu lassen.

Isensees Zustimmung zur von *Knobbe-Keuk* geforderten wesensimmanenten Beschränkung der Testierfreiheit offenbart einen fundamentalen Widerspruch in seiner Position. Hält er *Knobbe-Keuks* Auffassung tatsächlich für „*grundlegend*",[259] so erübrigen sich im Grunde seine Ausführungen zu grundsätzlichen bzw. grundrechtlichen Bedenken an der Entscheidung des BVerfG zur Erbfolge im Hause der Hohenzollern.[260] Die in dem von ihm besprochenen Rechtsstreit maßgebliche Klausel sah u.a. vor, dass nicht Erbe sein könne, wer aus einer nicht hausgemäßen Ehe stamme bzw. nicht in einer solchen lebe. Dieser Anordnung wird man aber ihren ausschließlich verhaltensbezogenen Inhalt nicht ernsthaft abstreiten können. Nach der von *Knobbe-Keuk* vorgeschlagenen Lösung wäre die Klausel im konkreten Fall also als nicht geschrieben anzusehen, ohne dass es auf eine Frage der Grundrechtskollision bzw. der mittelbaren Drittwirkung der Grundrechte angekommen wäre. Die von *Isensee* gleichfalls geforderte Zulässigkeit des Bestrebens des Testators „*Familienkontinuität und Vermögenseinheit zu wahren und den geeigneten Erben eines bäuerlichen oder kaufmännischen Betriebs zu bestimmen*" lässt sich mit der von *Knobbe-Keuk* geforderten Linie gerade nicht in dem von *Isensee* geforderten Maße begründen.

---

258 Vgl. dazu näher unten D.
259 *Isensee*, DNotZ 04, 754, 761 Fn. 19.
260 Vgl. Oben C. I. 14.

III. Exkurs: Rechtsfolge unzulässiger Bedingungssetzung

1. Behandlung in Rechtsprechung und Literatur

Eine sittenwidrige, bedingte Erbeinsetzung führt nach Ansicht der früheren Rechtsprechung zu einer unbedingten Zuwendung.[261] Später wurde vom BayObLG aus einer in unzulässiger Weise bedingten Erbeinsetzung auf die Unwirksamkeit der Verfügung insgesamt erkannt.[262] Das BVerfG hat die Frage, ob durch eine sittenwidrige Bedingung die Anordnung der Vor- und Nacherbschaft hinfällig geworden ist, ausdrücklich offen gelassen.[263]

Auch unter den Literaten herrscht hinsichtlich der Rechtsfolge sittenwidriger Bedingungen keine Einigkeit. Teilweise wird vertreten, dass eine unzulässige Bedingung als nicht geschrieben zu gelten habe und die Zuwendung damit als eine Unbedingte fortbestehen müsse[264], teilweise wird im Anschluss an die Rechtsprechung des BayObLG die Unwirksamkeit der Verfügung insgesamt verlangt.[265]

Leipold[266] geht davon aus, dass man an sich zu einer Aufrechterhaltung der Verfügung nur über eine Umdeutung nach § 140 BGB gelangen könne. Die Zuwendung des Vermögens und die ausgesprochene Bedingung bildeten eine Einheit, so dass eine Anwendung der §§ 139 und 2085 BGB ausscheide. Allerdings sei zu bedenken, dass eine Anwendung des § 140 BGB regelmäßig zu einer Benachteiligung der Bedachten führte, da nach dem im Rahmen des § 140 BGB entscheidenden Erblasserwillen die Zuwendung regelmäßig nicht unbedingt fortbestehen solle. Der Bedachte solle aber vor der sittenwidrigen Anordnung des Erblassers gerade geschützt werden. Ihm würde aber die Zuwendung, selbst wenn er sich dazu entschließen sollte, dem Willen des Erblassers mehr oder weniger freiwillig zu folgen, in jedem Fall genommen. Aus diesem Grund solle für die Frage, ob eine Zuwendung unbedingt fortbestehen könne oder insgesamt unwirksam sei, stets entscheidend sein, welchen Zweck die Vorschriften bzw. Wertungen verfolgten, auf denen die Unzulässigkeit der Bedingung beruhe. Wenn also der Erblasser unzulässigerweise in die Freiheitsrechte des Erben habe eingreifen wollen, dann müsse dem Schutzzweck entsprechend die Zuwendung unbedingt

261 Vgl. dazu oben C. I. 1-4.

262 BayObLG, Beschluss vom 09.06.1923 – Reg III Nr. 52 /1923, BayObLG 22, 265 ff.

263 BVerfG, Beschluss vom 22.03.2004, – 1 BvR 2248/01, NJW 04, 2008, 2011.

264 *Knobbe-Keuk*, FamRZ 1972, 9, 11; *Flume*, BGB-AT, II, § 18 Ziff. 2b, cc:; *Kellenter*, Diss. (1989), S. 185.

265 *Edenhofer*, in: Palandt, 67. Aufl. (2008) § 2074 Rn. 5: Geltungserhaltung allenfalls gem. § 140 BGB möglich.

266 *Leipold*, in: MüKo, 4.Aufl. (2004), Band 9, § 2074 Rn. 28 f.

fortbestehen. Dass diese Lösung im allgemeinen Teil des BGB nicht nachzuvollziehen sei, sei unbeachtlich, da die dort behandelten bedingten Rechtsgeschäfte regelmäßig zweiseitig seien und es daher erträglich sei, gem. § 140 BGB auf den hypothetischen Parteiwillen abzustellen. Der Gesetzgeber des BGB hätte, in Abweichung zu früher bestehenden Regelungen[267], davon abgesehen, eine Regelung über das unbedingte Fortgelten unzulässig bedingter Rechtsgeschäfte in das BGB aufzunehmen. Dieses Schweigen des Gesetzes dürfe nicht überbewertet werden. Der seit Inkrafttreten des BGB vollzogene Wertewandel müsse berücksichtigt werden.

Otte[268] lehnt eine Ausrichtung der Entscheidung über die Aufrechterhaltung der Anordnung des Erblassers anhand einer Bewertung des Sinn und Zwecks der die Nichtigkeit der Verfügungen anordnenden Norm strikt ab. Grundlage und zugleich auch Grenze der Versuche, die Anordnung des Erblassers aufrechtzuerhalten, müsse der Erblasserwille sein. Richtig sei zwar, dass der Bedachte nicht geschützt werde, wenn die Zuwendung selbst von der Nichtigkeit der Bedingung betroffen ist. Es sei aber mit dem Grundsatz der Testierfreiheit anderenfalls nicht vereinbar, wenn der Erblasser sich eine so nicht gewollte Verfügung auferlegen lassen müsste. Gleichwohl geht *Otte* davon aus, dass der hypothetische Erblasserwille regelmäßig dahin ginge, dem Bedachten die Zuwendung unbedingt zukommen zu lassen. Dafür bestehe auch dann eine Vermutung, „*wenn das Testament eine vollständige Nachlassverteilung bezweckt und alle in ihm enthaltenen Verfügungen mit der ungültigen Verfügung verknüpft sind, und ferner bei allen Verfügungen zugunsten gesetzlicher Erben.*“ Sofern sich Anhaltspunkte für den Willen des Erblassers nicht ermitteln ließen, führe bei auflösenden Bedingungen das Gebot der Teilaufrechterhaltung gem. § 2085 und im übrigen die ergänzende Auslegung gem. § 2084 dazu, dass die Zuwendung als unbedingte anzuerkennen und aufrechtzuerhalten sei.

2. *Stellungnahme*

Dem Abschied des BGB von einer gesetzlich angeordneten ‚geltungserhaltenden Reduktion'[269] sittenwidriger und damit nicht nichtiger Anordnungen des Erblas-

267 § 63 ALR, vgl. dazu die Entscheidung des RG oben C.I.1.

268 *Otte*, in: Staudinger, 13. Aufl. (Neubearbeitung 2003) § 2074 Rn. 65.

269 Der Begriff der geltungserhaltenden Reduktion bzw. das Verbot derselben wird üblicherweise im Zusammenhang mit der Inhaltskontrolle allgemeiner Geschäftsbedingungen nach §§ 305 ff. BGB verwandt und bezeichnet das Verbot der teilweisen Aufrechterhaltung einer gegen die §§ 305 ff. BGB verstoßenden Klausel im Sinne einer Aufrechterhaltung der Klausel mit dem rechtlich zulässigen Inhalt.

sers ist nach der hier vertretenen Auffassung Rechung zu tragen. Das Gebot der Teilaufrechterhaltung gem. § 2085 BGB bzw. der Grundsatz der Teilnichtigkeit gem. § 139 BGB kann nicht durchgreifen. Wenn der Erblasser seinen Bedachten eine Bedingung auferlegt, dann kann die Anordnung nicht in zwei rechtlich selbständige Teile aufgespalten werden. Die Verfügung ist nur als Ganzes angeordnet und auch als Ganzes gewollt. Die von *Otte* geforderte Anwendung des § 2084 BGB würde voraussetzen, dass die Erklärung des Erblassers im Falle einer sittenwidrigen Bedingung überhaupt auslegungsfähig ist. Dies wird bei einer echten bedingten Erbeinsetzung aber kaum der Fall sein, da der Erblasser seinen Willen klar formuliert hat. Die ergänzende Auslegung kann allerhöchstens dazu führen, dass die Auslegung ergeben kann, dass eine echte Rechtsbedingung gar nicht gewollt war, sondern lediglich ein unverbindlicher Wunsch des Erblassers vorliegt.[270] Steht dieser Wille aber fest, so ist für eine weitere Anwendung des § 2085 BGB kein Raum mehr. Zu einer teilweisen Aufrechterhaltung kann daher nur die Anwendung des § 140 BGB führen, wenn der hypothetische Erblasserwille im Einzelfall auf unbedingte Aufrechterhaltung gerichtet ist.[271] Dass dies im Einzelfall durchaus der Fall sein kann, soll nicht bestritten werden. Dass aber, wie *Otte* annimmt, für diesen Willen zur Geltungserhaltung der Verfügung eine tatsächliche Vermutung in bestimmten Fallkonstellation bestehen soll, bedürfte einer näheren Begründung. Vielmehr erscheint die genaue Prüfung im Einzelfall unerlässlich. Lässt sich ein hypothetischer Wille nicht ermitteln, so kann die Verfügung nicht als unbedingte fortbestehen, sondern muss insgesamt für nichtig befunden werden, da eine Anwendung der §§ 2084 und 2085 BGB ausscheidet. Die Betroffenen sind durch die Regelungen der gesetzlichen Erbfolge und des Pflichtteilsrechts ausreichend geschützt, so dass diesem Ergebnis auch keine Billigkeitserwägungen entgegenstehen. Entstammen die Betroffenen nicht dem Kreise der Pflichtteilsberechtigten bzw. der gesetzlichen Erben, so gilt nichts anderes, da sie ohnehin kein rechtlich geschütztes Interesse am Nachlass des Verstorbenen haben. Allerdings wird gerade bei der in unzulässigerweise bedingten Einsetzung von Nichtfamilienangehörigen ein hypothetischer Erblasserwille, wegen der mit der Erbeinsetzung einhergehenden Übergehung der gesetzlichen Erben, regelmäßig zu ermitteln sein. Eine gänzliche Unwirksamkeit der Verfügung wäre nicht im Sinne des Erblassers, da dadurch die Enterbung der gesetzlichen Erben entfiele.

270 Vgl. dazu oben I. Einleitung.

271 *Edenhofer*, in: Palandt, 67. Aufl. (2008) § 2074 Rn. 5, *Lenz*, in: jurisPK-BGB, 3. Aufl. (2006) § 2074 Rn. 31.

IV. Kritik an den bisherigen Lösungsvorschlägen

1. Grundsätzliche Bedenken gegen das Kriterium des unzumutbaren Drucks

a) Anerkennung eines nicht vorhandenen Anspruchs auf Nachlassbeteiligung

Die Ausrichtung der Überprüfung der Sittenwidrigkeit einer letztwilligen Potestativbedingung auf die Frage nach dem Vorliegen eines für den Bedachten unzumutbaren Drucks führt im Ergebnis dazu, dem Erben, einen außerhalb des Pflichtteilsrechts tatsächlich nicht bestehenden Anspruch auf (uneingeschränkte) Teilhabe am Nachlass des Verstorbenen zuzugestehen.[272] Besonders deutlich wird der Gedanke eines verdienten Erbes bei *Otte*: das Vorliegen unzumutbaren Drucks auf den Erbanwärter hänge u.a. davon ab, *„ob und wie weit er sich aufgrund seiner familiären Beziehungen zum Erblasser, seiner beruflichen Bildung und seiner bisherigen Lebensgestaltung auf die Erlangung oder das Behalten der Zuwendung eingerichtet hat und einrichten durfte."*[273] Der Erbanwärter soll sich also durch Pflege der familiären Beziehungen, entsprechende Bildung und Lebensgestaltung einen *de facto* unentziehbaren Anspruch auf ungehinderte Nachlassteilhabe verdient haben?

Wie sonst lässt sich erklären, dass ein Druck entstehen soll, der dem Bedachten, wenn auch nicht im rechtlichen Sinne, dann aber doch wenigstens tatsächlich die Entscheidungsfreiheit nehmen kann? Ein derartiger Druck lässt sich nur annehmen, wenn man unterstellt, dem Bedachten stünde nach dem Tod des Erblassers der Zuwendungsgegenstand zu, so dass es dem Erblasser nicht erlaubt sein kann, vom Bedachten auch noch unzumutbare Anstrengungen zu verlangen, damit er in den Genuss des Zugewandten kommt.

Dass außerhalb des Pflichtteilsrechts eine gesetzlich gesicherte Nachlassbeteiligung nicht vorgesehen ist, wird von niemandem bestritten. Die Anerkennung dieses Grundsatzes, bei gleichzeitiger Bejahung des Schutzes des Erben vor unzumutbaren Druck, stellt aber einen unauflöslichen Widerspruch dar. Auch für den Fall, dass von den Anordnungen des Erblassers ein Pflichtteilsberechtigter berührt wird, gilt nichts anderes. Zwar hat der Betroffene in der Tat einen Anspruch auf schuldrechtliche Teilhabe am Nachlass, dies führt aber nicht dazu, dass er sich einem unzumutbaren Druck ausgesetzt sehen kann, da eine bedingte Zuwendung diese Mindestbeteiligung völlig unberührt lässt. Ist dem Pflichtteilsberechtigten im Hinblick auf die ihm hinterlassene Erbquote weniger als sein Pflichtteil hinterlassen, so ist die Bedingung gem. § 2306 I S.1 BGB gänzlich

272 *Kroppenberg*, DNotZ 06, 86, 96.
273 *Otte*, in: Staudinger, 13. Aufl. (Neubearbeitung 2003) § 2074 Rn. 31.

hinfällig, ist ihm mehr zugewandt, steht es ihm gem. § 2306 I S.2 BGB frei, die Zuwendung auszuschlagen und den Pflichtteil zu fordern.[274]

Wenn Otte darauf hinweist, dass es um Fälle gehe, „*in denen der Erblasser Angehörigen, deren Lebensgestaltung er mitgeprägt hat, unter Verletzung der Gebote familiärer Verantwortung und Rücksichtnahme (§§ 1353 Abs. 1 S 2, 1618a) eine selbstbestimmte Lebensführung nur unter Inkaufnahme gravierender wirtschaftlicher Nachteile gewähren will*“,[275] dann verkennt er, dass die postmortale (Vermögens-) Verantwortung des Erblassers im Pflichtteilsrecht, welches den Bedachten, wie oben dargelegt, stets unbenommen ist, ihre gesetzliche Grenze findet.[276] Darüber hinausgehende Rücksichtnahme muss er nicht walten lassen.

b) Lediglich wirtschaftliche Interessen betroffen

Die Lehre von der Abwägung grundrechtsrelevanter Positionen bei § 138 BGB unter Berücksichtigung des Druck-Kriteriums verkennt, dass in Wahrheit nicht die Testierfreiheit des Erblassers gegen beispielsweise die Eheschließungsfreiheit, die Religionsfreiheit etc. der Betroffenen streitet. Tatsächlich sind auf Seiten des Bedachten vorrangig regelmäßig rein finanzielle Interessen betroffen. Derartige finanzielle Interessen an einem zukünftigen Erwerb sind aber nicht schutzwürdig und stehen auch nicht unter dem Schutz des Art. 14 GG.[277]

Der potentielle Erbe hat, zumindest im Falle eines werthaltigen Nachlasses, ein nachvollziehbares wirtschaftliches Interesse daran, die Erbschaft anzutreten. Dieses Interesse kann beeinträchtigt werden, wenn der Erblasser ihm nun ein Verhalten vorschreiben möchte, welches er zur Voraussetzung des Erbantritts durch den Bedachten macht. Auch wenn dieses vorgesehene Verhalten sich als Verhinderung der Ausübung eines Freiheitsrechts des Bedachten darstellt, ändert dies nichts daran, dass der Konflikt, in dem sich der Bedachte nunmehr befinden mag, rein wirtschaftlicher Art Natur ist. In den Genuss des Erbes kann der Bedachte nur um den Preis der Befolgung des Erblasserwillens kommen. Ganz im Sinne der Lehre von der ökonomischen Analyse des Rechts[278] wird der Betroffe-

---

274 Zu den geplanten Änderungen vgl. Referentenentwurf Pflichtteilsrecht, online: Bundesministerium der Justiz http://www.bmj.bund.de/files/-/2049/GesetzE%20 Pflichtteilsrecht.pdf, (Datum des Zugriffs: 01.12.2007) und oben B. III. 3. h) (2) (ii).

275 *Otte*, in: Staudinger, 13. Aufl. (Neubearbeitung 2003) § 2074 Rn. 31.

276 *Isensee*, DNotZ 04, 755, 758.

277 Vgl. statt vieler *Depenheuer*, in: v.Mangoldt/ Klein/ Starck ,GG, I , (2004) Art. 14, Rn. 111 ff.

278 vgl. dazu *Müller*, in: Buckel, Christensen, Fischer-Lescano (Hrsg.), Neue Theorien des Rechts: Ökonomische Theorie des Rechts (2006) S. 323 m.w.N.

ne nun gleichsam einen Preisvergleich vornehmen und die anfallenden Transaktionskosten ermitteln zwischen dem Preis, der im Verzicht auf die letztwillige Zuwendung insgesamt liegt bzw. dem Preis, der im Verzicht auf die Differenz zu einem bestehenden Pflichtteilsanspruch liegt, und dem Preis, den der Betroffene der Befolgung des Erblasserwillens beimisst. Übersteigt letzterer den Preis des gänzlichen Verzichts auf die Zuwendung bzw. des Verzichts auf die Differenz zu einem Pflichtteilsanspruch, wird der Betroffene entsprechend handeln und die Zuwendung ausschlagen. Ist dies nicht der Fall, wird er sie annehmen und steht damit ausschließlich finanziell besser als vorher. Der Konflikt, in dem die wohl herrschende Meinung den Bedachten wähnt, lässt sich damit auf eine simple Rechenübung reduzieren. Freiheitsrechte des Betroffenen sind dagegen nicht berührt.

c) Mangelnde Übertragbarkeit der Imparitäts-Problematik

Soweit die innere Rechfertigung der Abwägungslehre darin gesehen wird, dass der Staat verpflichtet sei, den Bürger „*vor einer die Entscheidungsfreiheit ausschließenden Fremdbestimmung durch andere zu schützen*“[279], wobei insbesondere auf die Rechtsprechung des BVerfG zur Inhaltskontrolle von Versicherungs-, Ehe- und Bürgschaftsverträgen verwiesen wird, so vermag auch dieser Ansatz im Ergebnis nicht zu überzeugen.

Das BVerfG betont jüngst in seiner Entscheidung zur Sittenwidrigkeit von Versicherungsverträgen,[280] dass die „*eigenbestimmte Gestaltung von Rechtsverhältnissen [...] Teil der allgemeinen Handlungsfreiheit*“ sei, welche „*ihre Grenzen allerdings in der Entfaltungsfreiheit anderer*“ finde. Die Privatautonomie bedürfe „*deshalb der Ausgestaltung durch die Rechtsordnung, insbesondere im Vertragsrecht.*“ Die Privatautonomie setze weiter voraus, dass „*die Bedingungen der Selbstbestimmung des Einzelnen auch tatsächlich gegeben sind. Wenn die Schwäche eines Vertragspartners durch gesetzliche Regelungen bedingt ist, kann der verfassungsrechtliche Schutz der Privatautonomie durch Art. 2 I GG zu einer Pflicht des Gesetzgebers führen, für eine rechtliche Ausgestaltung des Rechtsverhältnisses der davon betroffenen Vertragsparteien zu sorgen, die ihren Belangen hinreichend Rechnung trägt.*“[281].In einem früheren Beschluss des BVerfG[282] wird hervorgeben, dass sich dem Gesetzgeber bei dieser Ausgestal-

279 *Litzenburger*, in: Bamberger/Roth BGB, online: www.beck-online.de, Datum des Zugriffs: 01.12.2007, § 2074 Rn. 9; in diese Richtung bereits *Goebel*, FamRZ 97, 656, 660.

280 BVerfG, Beschluss vom 15. 2. 2006 – 1 BvR 1317/96, NJW 06, 1783 ff..

281 BVerfG, Beschluss vom 15. 2. 2006 – 1 BvR 1317/96, NJW 06, 1783,1784.

282 BVerfG, Beschluss vom 19.10.1993 – 1 BvR 567/89 u. a., NJW 94, 36 ff.

tung *„ein Problem praktischer Konkordanz"* stelle. Im Rechtsverkehr, an dem gleichrangige Grundrechtsträger teilnehmen, von denen jeder unterschiedliche oder sogar gegensätzliche Interessen habe, genössen alle Beteiligten den Schutz des Art. 2 I GG. Daher könne sich auch jeder im gleichen Maße auf die grundrechtlich gewährleistete Privatautonomie berufen. Kollidierende Grundrechtspositionen seien *„in ihrer Wechselwirkung zu sehen und so zu begrenzen, daß sie für alle Beteiligten möglichst weitgehend wirksam werden."* Allerdings könne der Gesetzgeber nicht für alle Fälle mehr oder weniger beeinträchtigten Verhandlungsgleichgewichts durch gesetzliche Regelung Vorsorge leisten. Schon aus Gründen der Rechtssicherheit dürfe *„ein Vertrag nicht bei jeder Störung des Verhandlungsgleichgewichts nachträglich in Frage gestellt oder korrigiert werden."* Sofern jedoch typisierbare Fallgestaltungen, welche ein generelles Ungleichgewicht der Parteien erkennen ließen, in denen die Folgen des Vertrages für einen Vertragspartner *„ungewöhnlich belastend"* seien, so müsse die Zivilrechtsordnung darauf reagieren können. Der *„Ausgleich gestörter Vertragsparität"* gehöre daher zu den Hauptaufgaben des bürgerlichen Rechts. In diesem Zusammenhang erlangten auch die Generalklauseln des BGB, § 138 und § 242 zentrale Bedeutung.[283]

Die Aussage des BVerfG lässt sich verkürzt also folgendermaßen darstellen: Resultiert aus einer gesetzlichen Regelung bzw. einer vertraglichen Gestaltung ein derartiges Ungleichgewicht der Vertragspartner, dass die Grundrechtsausübung des einen Teils eklatant verkürzt wird, so ist der Gesetzgeber gehalten, eine interessengerechte Neuregelung zu schaffen bzw. sind die Gerichte dazu berufen, durch eine entsprechende Anwendung der Generalklauseln des § 242 BGB und des § 138 BGB Abhilfe zu schaffen. Eine solche Verpflichtung setzt aber nur dann ein, wenn aufgrund der gegebenen Gesetzeslage von der Privatautonomie des Einzelnen nichts mehr übrig bleibt und der Grundsatz der Selbstbestimmung zur Fremdbestimmung verkehrt wird.

Vorbenannten Grundsatz kann dem Grunde nach durchaus gefolgt werden. Bei der erbrechtlichen Potestativbedingung ist eine solche Handlungspflicht des Gesetzgebers bzw. der Gerichte aber nicht gegeben.

Der Gesetzgeber ist seiner Verpflichtung zur Schaffung einer den beiderseitigen Interessen gerecht werdenden Gesetzeslage bei der Frage der Zulässigkeit erbrechtlicher Bedingungen bereits hinreichend nachgekommen. Es bedarf keiner Korrektur dieser Rechtslage durch eine weite Auslegung des § 138 BGB, da ein Schutzbedürfnis des Bedachten nicht besteht. Der auftretende Konflikt zwischen der Entfaltung des Erblasserwillens und der Entfaltung der persönlichen Freiheit des Bedachten ist im Pflichtteilsrecht gelöst. In ihm ist der Konflikt der wider-

283 BVerfG, Beschluss vom 19-10-1993 – 1 BvR 567/89 u. a., NJW 94, 36, 38.

streitenden Freiheitsrechte klar geregelt. Praktische Konkordanz wird dadurch geschaffen, dass dem Bedachten, sofern er zum Kreis der Pflichtteilsberechtigten gehört, ein grundsätzlich unentziehbarer Anspruch auf Teilhabe am Nachlass zugesprochen wird. An die Anordnungen des Erblassers ist er nicht gebunden. Es steht ihm frei, die Erbschaft auszuschlagen und den Pflichtteil zu verlangen. Seine Privatautonomie wird folglich nicht beschnitten. Die in dieser Regelung zum Ausdruck kommende gesetzgeberische Wertung, die von Verfassung wegen nicht zu beanstanden ist,[284] ist zu beachten. Einen Schutz der Rechtsordnung vor schwierigen Lebensentscheidungen gibt es nicht.[285]

Dem kann auch nicht entgegengehalten werden, im Pflichtteilsrecht sei nicht der Konflikt der Privatautonomie der Beteiligten gelöst, sondern darin komme lediglich der Konflikt der Grundsätze der Testierfreiheit und der Familienerbfolge zum Ausdruck.[286] Es bleibt zu beachten, dass in § 2306 I BGB auch ein Ausgleich zwischen der Testierfreiheit des Erblassers und der durch Testamentsvollstreckung, Auflage etc. beeinträchtigten Handlungsfreiheit der Bedachten geschaffen wurde. Das Pflichtteilsrecht bietet also auch eine sachgerechte Lösung für Fälle der unzumutbaren Begrenzung der Handlungsfreiheit an. Wurde dem Bedachten weniger als sein Pflichtteil hinterlassen, so gelten derartige Beschränkungen der Handlungsfreiheit gem. § 2306 I BGB als nicht angeordnet. Gleichzeitig kommt in dieser Vorschrift aber auch zum Ausdruck, was das Gesetz selbst als Fälle der dem Pflichtteilsberechtigten unzumutbaren Beschränkung seiner Freiheit ansieht, nämlich die Belastung mit einer freiheitsbeschränkenden Bestimmung bei gleichzeitiger Zuwendung eines geringeren Wertes als den Pflichtteil. Für diese Fälle unzumutbarer Beschränkung ist ihm die Möglichkeit eröffnet, in den Genuss des (uneingeschränkten) Pflichtteils durch Ausschlagung der Erbschaft zu gelangen.

Im Pflichtteilsrecht ist gleichzeitig auch der Konflikt zwischen der Testierfreiheit und den familiären Verpflichtungen des Erblassers, auf die Belange seiner Angehörigen Rücksicht zu nehmen, gelöst.[287] Der Rechtspflicht des Erblassers, die ihm eingeräumte Testierfreiheit nicht zu missbrauchen, steht spiegelbildlich lediglich das Pflichtteilsrecht gegenüber. Das Pflichtteilsrecht der Abkömmlinge des Erblassers ist verfassungsgemäß, bedarf also nach Ansicht des BVerfG keiner Korrektur, auch nicht durch eine Anwendung des § 138 BGB im Sinne der Abwägungslehre.

---

284 Vgl. BVerfG, Beschluss vom 19.04.2005 – 1 BvR 1644/00 und 1 BvR 188/03, NJW 05, 1561 ff.
285 *Isensee*, DNotZ 04, 755, 762.
286 Vgl. statt vieler *Leipold*, Erbrecht, 16. Aufl. (2006), Rn. 72.
287 Vgl. BVerfG, Beschluss vom 19.04.2005 – 1 BvR 1644/00 und 1 BvR 188/03, NJW 05, 1561, 1562.

Für die bedingte Erbeinsetzung von Personen, die nicht dem Kreis der Pflichtteilsberechtigten angehören, gilt nichts anderes. Nahe Abkömmlinge, Eltern und Ehegatte des Erblassers sind grundsätzlich nur durch das Pflichtteilsrecht geschützt. Geht der Schutz dieser Personen aber nicht über das Pflichtteilsrecht hinaus, kann der Schutz derjenigen, die keinerlei rechtlich geschützten Anspruch auf Nachlassbeteiligung haben, nicht weitergehen. Auch für diese Personen ist eine Auslegung des § 138 BGB im Sinne der von Literatur und Rechtsprechung vorgeschlagenen Lösung abzulehnen. Sie haben kein vom BGB anerkanntes Recht auf irgendeine Nachlassteilhabe.

d) Kriterium des unzumutbaren Drucks systemwidrig

Darüber hinaus stellt sich das Kriterium des für den Bedachten unzumutbaren Drucks im Hinblick auf die an ihn anknüpfende Rechtsfolge als *„Fremdkörper"* innerhalb des BGB dar.[288] Die stärkste Form der Einflussnahme auf eine Person, die das BGB vorsieht, ist die Drohung i.S.d. § 123 I BGB. Das Vorliegen einer Drohung führt aber nur dazu, dass dem Bedrohten ein Gestaltungsrecht an die Hand gegeben wird, mit dem er die Rechtswirkungen seiner unter derartigen Umständen abgegebenen Willenserklärung beseitigen kann, ohne dass er sich schadensersatzpflichtig macht. Das Rechtsgeschäft wird lediglich anfechtbar. Die Ausübung eines unzumutbaren Drucks als deutlich milderes Mittel wird nach der Abwägungslehre mit der deutlich strengeren Rechtsfolge der Nichtigkeit des Rechtsgeschäfts nach § 138 BGB sanktioniert, die unabhängig davon eintritt, ob der Betroffene tätig wird. Die systemgemäße Lösung, die das BGB für derartige Situationen im Erbrecht bereit hält, ist die Ausschlagung nach § 1942 ff. BGB.

2. Widerspruch zur allgemeinen Anerkennung von Wiederverheiratungsklauseln

Wiederverheiratungsklauseln und Potestativbedingungen in Form von Zölibatsklauseln werden in der Rechtsprechung unterschiedlich behandelt. Dies ist widersprüchlich.[289] Die Vergleichbarkeit der Regelungen im Hinblick auf rechtliche Einordnung, gewähltem Mittel und Motivationslage des Erblassers gebietet eine

288 *Kroppenberg*, DNotZ 06, 86, 96; vgl. auch *Isensee*, DNotZ 04, 754, 762: Die Kategorie des unzumutbaren Drucks sei *„rechtlich belanglos"*.

289 Wie hier wohl auch *Edenhofer*, in: Palandt, 67. Aufl. (2008) § 2269 Rn. 16; so auch *Otte*, Die Bedeutung der „Hohenzollern"-Entscheidung des Bundesverfassungsgerichts für die Testierfreiheit, ZEV 04, 393, 397; *ders.* in: Staudinger, 13. Aufl. (Neubearbeitung 2003) § 2074 Rn. 42.

einheitliche Handhabung.[290] Auch Bedingungen, die die Erbfolge an eine Verheiratung bzw. deren Ausbleiben knüpfen müssen daher als zulässig anerkannt werden.

(1) Strukturelle Identität

Wiederverheiratungsklauseln in Testamenten und Erbverträgen stoßen nach Ansicht der Rechtsprechung und der überwiegenden Meinung in der Literatur nicht auf grundsätzliche Bedenken.[291] Dies ist insofern überraschend, als eine Wiederverheiratungsklausel strukturell einer Potestativbedingung gleichsteht, welche nach dem Stand der Rechtsprechung und der herrschenden Literaturmeinung einer strengen Inhaltskontrolle zuzuführen ist.

Bei einer letztwilligen Verfügung, die eine Wiederverheiratungsklausel beinhaltet, erhält der überlebende Ehegatte die Zuwendung jedenfalls im Ergebnis als Vorerbe, auch dann, wenn er zunächst nicht ausdrücklich als Vorerbe, sondern als Vollerbe eingesetzt ist, da er mit Eintritt der Wiederheirat zumindest rückwirkend als durch die Wiederverheiratung auflösend bedingter Vollerbe und als aufschiebend bedingter Vorerbe anzusehen ist.[292] Der Überlebende verliert im Falle des Bedingungseintritts seine Vorerbenstellung nach dem Erstversterbenden. Die Erbschaft fällt den Nacherben an, zu denen die Ehegatten in aller Regel die gemeinsamen Abkömmlinge bestimmt haben.

Damit steht der überlebende Ehegatte demjenigen gleich, der unter der Bedingung zum Erben oder zum Vermächtnisnehmer eingesetzt ist, dass er sich nicht verheiratet. Eine Erbeinsetzung unter einer derartigen auflösenden Bedingung stellt stets eine Anordnung von Vor- und Nacherbschaft dar.[293] Der Bedachte erhält daher, solange die Bedingung noch nicht eingetreten ist, die Stel-

---

290 Für den Fall, dass der Erblasser den überlebenden Ehegatten über den Tod hinaus an sich binden will, folgert auch *Musielak*, in: MüKo, 4.Aufl. (2004), Band 9, § 2269 Rn. 47 die Nichtigkeit einer solchen Klausel. Für eine differenzierte Betrachtung auch *Litzenburger*, in: Bamberger/Roth BGB, online: www.beck-online.de, Datum des Zugriffs: 01.12.2007, § 2269 Rn. 42; *Otte*, in: Staudinger, 13. Aufl. (Neubearbeitung 2003) § 2074 Rn. 42, allerdings mit abweichender Schlussfolgerung.

291 BGH, Urteil vom 08.07.1965 – II ZR 143/63, FamRZ 65, 600,601; *Kanzleiter*, in: Staudinger, 13. Aufl. (Neubearbeitung 2003) § 2269 Rn. 32; *Otte*, in: Staudinger, 13. Aufl. (Neubearbeitung 2003) § 2074 Rn. 42 m.w.N.

292 Vgl. die Ausführungen unter B. III. 3. f) iii; näher dazu statt vieler *Musielak*, in: MüKo, 4.Aufl. (2004), Band 9, § 2269 Rn. 48 ff. m.w.N.

293 *Leipold*, in: MüKo, 4.Aufl. (2004), Band 9, § 2069 Rn. 16; *Edenhofer*, in: Palandt, 67. Aufl. (2008) § 2075 Rn. 5; *Otte*, in: Staudinger, 13. Aufl. (Neubearbeitung 2003) § 2074 Rn. 32.

lung eines Vorerben. Auch ein derart eingesetzter Erbe verlöre daher im Falle der Verheiratung seine Position als Erbe. Der Nachlass ginge in Ermangelung einer ausdrücklichen Regelung des Erblassers und sofern sich Nacherben auch nicht durch Auslegung, gegebenenfalls unter Zuhilfenahme des § 2069 BGB,[294] ermitteln lassen an die gesetzlichen Erben gem. § 2104 BGB.

(2) Verknüpfung materieller Vorteile mit Ausübung höchstpersönlicher Entscheidungsfreiheit

Sowohl im Fall der Wiederverheiratungsklausel als auch im Fall der Potestativbedingung wird an die Ausübung einer persönlichen Freiheit bzw. an eine bestimmte höchstpersönliche Entscheidung der Verlust einer Vermögensposition geknüpft. Im Falle der Wiederverheiratungsklausel wird dies als unproblematisch gesehen,[295] im Falle der durch eine Ehescheidung auflösenden bedingten Erbeinsetzung galt jedoch lange der Grundsatz, die Entscheidung über die Eheschließung falle in einen Bereich, „*der allein vom freien sittlichen Entschluss des Einzelnen abhängen sollte und nicht mit Vermögensvorteilen verquickt werden sollte*“,[296] woraus insbesondere auch vom BGH gefolgert wurde, dass dieser Umstand alleine schon die Sittenwidrigkeit der Anordnung nach sich ziehen könnte, solange kein nachlassspezifisches Interesse des Erblassers bestand, das die Bedingung zur Verwirklichung des Erblasserwillens notwendig machte.

Zwar wurde der Gedanke der unzulässigen Verquickung materieller Vorteile mit höchstpersönlichen Entscheidungen in der neueren Rechtsprechung nicht mehr aufgegriffen, allerdings stellt sich auch nach der vom BVerfG entwickelten Formel die Frage, ob ein überlebender Ehegatte nicht durch eine vereinbarte Wiederverheiratungsklausel in eine Drucksituation geraten kann, infolge der er von einer an sich gewollten Wiederverheiratung absieht, insbesondere wenn der Nachlass besonders werthaltig ist.[297] Auch ein überlebender Ehegatte, der sich wieder verheiraten will, könnte durch eine solche Klausel demnach unzumutbar belastet sein. Die Linie der neueren Rechtsprechung und der neueren Literatur

---

294 Die Anwendbarkeit des § 2069 bei Verwirkungsklauseln grundsätzlich bejahend *Edenhofer*, in: Palandt, 67. Aufl. (2008) § 2069 Rn. 5, der allerdings Vermutung für regelmäßig widerlegt ansieht. Die Anwendbarkeit verneinend *Leipold*, in: MüKo, 4.Aufl. (2004), Band 9, § 2069 Rn. 16, da Eintritt der auflösenden Bedingung die Verfügung von Anfang an unwirksam mache und somit keinen Wegfall des Bedachten nach der Testamentserrichtung darstelle.

295 BGH, Urteil vom 08.07.1965 – II ZR 143/63, FamRZ 65, 600, 601.

296 BGH, Urteil vom 28.01.1956 – IV ZR 216/55, FamRZ 56, 130, 131.

297 So auch *Loritz*, in: Soergel, 13.Aufl. (2002) § 2074 Rn. 26.

führt folglich dazu, dass sämtliche Wiederverheiratungsklauseln gegen § 138 BGB verstoßen würden.[298]

(3) Motivationslage des Erblassers

Im Falle von Wiederverheiratungsklauseln attestiert die Rechtsprechung dem Erblasser das sittlich nicht zu beanstandende Motiv der Erhaltung der Familienbindung des Vermögens.[299] Der Durchsetzung des Erblasserwillens, sein Vermögen den nächsten Angehörigen und nicht einem neuen Ehepartner bzw. neuen Abkömmlingen des überlebenden Ehegatten zukommen zu lassen, steht § 138 BGB nicht entgegen.

Außerhalb des Kontextes der Wiederverheiratungsklauseln, d.h. im Falle einer Erbeinsetzung unter einer auflösenden Bedingung, dass der Bedachte sich gar nicht verheiratet[300] oder er sich scheiden lässt,[301] mag es dem Erblasser ebenfalls um den Ausschluss ihm unlieber Nicht-Familienangehöriger gehen. Zumindest besteht nicht zwingend stets eine Absicht des Erblassers, den Überlebenden zum Alleinsein zu verdammen.

Der Intention der Familienbindung des Vermögens durch eine Wiederverheiratungsklausel müsste aber nach der von Literatur und Rechtsprechung favorisierten Lösung die Durchsetzung regelmäßig verwehrt werden. Der Erbe wird möglicherweise unter unzumutbaren Druck gesetzt, von einer Eheschließung abzusehen, um nicht seine vermögensrechtliche Stellung als Erbe zu verlieren.[302]

(4) Zweiseitigkeit der Wiederverheiratungsklausel bedeutungslos

Der Umstand, dass Wiederverheiratungsklauseln in Erbverträgen und gemeinschaftlichen Testamenten vom Willen beider Ehegatten getragen werden, während eine Zölibatsklausel dem Betroffenen vom Erblasser einseitig auferlegt wird, ändert nichts an der Ähnlichkeit der beiden Rechtsinstitute. Wiederverheiratungsklauseln finden sich in der Praxis häufig in Erbverträgen oder gemein-

298 So auch *Otte*, ZEV 04, 393, 398. Aus diesem Grund folgern *Otte*, in: Staudinger, 13. Aufl. (Neubearbeitung 2003) § 2074 Rn. 42; *Litzenburger, in:* Bamberger/Roth BGB, online: www.beck-online.de, Datum des Zugriffs: 01.12.2007, § 2074 19; *Musielak*, in: MüKo, 4.Aufl. (2004), Band 9, § 2269 Rn. 47 Einschränkungen der Zulässigkeit von Wiederverheiratungsklauseln.

299 BGH, Urteil vom 08.07.1965 – II ZR 143/63, FamRZ 65, 600, 601.

300 OLG Rostock, Beschluss vom 08.12.1890, Seuff. Arch. 49 Nr.4, S. 1165 ff; vgl. oben C. I. 2.

301 BGH, Urteil vom 28.01.1956 – IV ZR 216/55, FamRZ 56, 130 ff; vgl. oben C. I. 6.

302 vgl. wie hier *Otte*, ZEV 04, 393, 398.

schaftlichen Testamenten von Ehegatten, beruhen in der Regel also auf übereinstimmenden Willenserklärungen beider Ehegatten.[303] Zwingend ist dies jedoch nicht: Die Erbeinsetzung des Ehegatten als Vorerbe und der gemeinsamen Abkömmlinge als Nacherben verbunden mit einer Wiederverheiratungsklausel kann auch in einem eigenhändigen Testament nach § 2247 BGB erfolgen. Die Aufnahme einer Wiederverheiratungsklausel ist nicht von der Zustimmung des Bedachten abhängig.

3. Widerspruch zur allgemeinen Anerkennung sog. kaptatorischer Verfügungen

Kaptatorische Verfügungen, die die Erbeinsetzung des Bedachten von der Bedingung abhängig machen, dass dieser zugunsten eines Dritten letztwillig verfügt, und Potestativbedingungen machen die Betroffenen zu lediglich bedingt eingesetzten Erben. Die endgültige Erbenstellung hängt von der Erfüllung der Vorgaben des Erblassers ab. Ebenso wie bei Potestativbedingungen der hier untersuchten Art verknüpft der Erblasser bei einer kaptatorischen Verfügung materielle Vorteile bzw. das Ausbleiben materieller Nachteile mit der Ausübung einer höchstpersönlichen Freiheit, in diesem Fall der Testierfreiheit, in einer ihm gefälligen Weise.

Kaptatorische Verfügungen beinhalten nach der Rechtsprechung keinen Verstoß gegen den Grundsatz der Uneinschränkbarkeit der Testierfreiheit, der in § 2302 BGB zum Ausdruck kommt. Insbesondere betont der BGH, dass eine Bindung des Bedachten an den Erblasserwillen gerade nicht besteht und es dem durch die Verfügung Begünstigten frei steht, entweder sich dem Willen des Erblassers zu beugen und die Vergünstigung zu behalten oder diese auszuschlagen. Die Zulässigkeit der kaptatorischen Bedingung folgt gerade aus der fehlenden Bindungswirkung an die Anordnung des Erblassers, da lediglich das Zugewandte eingeschränkt wird, nicht aber die Freiheit des Empfängers.[304]

Sowohl bei kaptatorischen Verfügungen als auch bei letztwilligen Potestativbedingungen nimmt der Erblasser folglich postmortalen Einfluss auf die Ausübung persönlicher Freiheit. Dieser Umstand legt es nahe, beide Fallgruppen gleich zu behandeln. Es ist kein Grund ersichtlich, mittelbare Einflussnahme auf beispielsweise die Eheschließungsfreiheit anders zu behandeln als die mittelbare Beeinflussung des Testierfreiheit des Bedachten. In beiden Fällen wird dem Bedachten seine freie Entscheidung nicht genommen. Eine Bindungswirkung tritt nicht ein.

---

303 Vgl. statt vieler: *Kanzleiter*, in: Staudinger, 13. Aufl. (Neubearbeitung 2003) § 2269 Rn. 39.

304 BGH, Urteil vom 9. 2. 1977 – IV ZR 201/75, NJW 77, 950.

Otte[305] hält dem entgegen, kaptatorische Verfügungen könnten auf den Bedachten keinen unzumutbaren Druck auslösen. Sei das Eigenvermögen des Bedachten im Verhältnis zur Zuwendung des Erblassers gering, dann stelle die Verfügung über das eigene Vermögen für ihn keine Angelegenheit von Bedeutung dar. Sei es jedoch erheblich, dann könne ihn die Zuwendung fremden Vermögens nicht beeinflussen.

Beide Unterstellungen sind jedoch zu pauschal, um eine unterschiedliche Behandlung von kaptatorischen Verfügungen und sonstigen Potestativbedingungen rechtfertigen zu können. Auch bei geringem eigenen Vermögen kann der Erblasser ein berechtigtes Interesse daran haben, das möglicherweise hart Erarbeitete nach eigenen Wünschen zu übertragen. Bei beträchtlichem eigenen Vermögen kann die Zuwendung fremden Vermögens, falls dieses ebenfalls erheblich ist, sehr wohl den Erblasser in eine Drucksituation bringen. Freilich folgt aus dieser nicht die Unzulässigkeit kaptatorischer Verfügungen, da eine Bindungswirkung an die Anordnung nicht besteht. Daraus folgt aber im Umkehrschluss, dass eine unterschiedliche Handhabung beider Klauseln nicht angezeigt ist.

4. Außerachtlassen der Wahlmöglichkeiten des Erblassers und des Bedachten

a) Möglichkeit der Enterbung gesetzlicher Erben durch letztwillige Verfügung

Die Freiheit des Erblassers, seine Angehörigen ohne Angabe von Gründen von der gesetzlichen Erbfolge auszuschließen, wird von niemandem bestritten. Eine solche Vorgehensweise verstößt auch nicht gegen § 138 BGB.[306] Zur Angabe von Gründen ist der Erblasser nicht verpflichtet. Sein letzter Wille ist „*grundsätzlich auch dort zu respektieren, wo er in seiner Motivierung keine besondere Achtung verdient.*“[307] Vor diesem Hintergrund ist es erstaunlich, dass dieses Recht des Erblassers bei der Beurteilung der Sittenwidrigkeit letztwillig aufgestellter Potestativbedingungen in der Rechtsprechung bisher wenig Beachtung gefunden hat. Lediglich in der Entscheidung des KG zur Zulässigkeit der Erbeinsetzung der Töchter unter der Bedingung, dass diese es unterließen, Männer zu heiraten, die nicht evangelischen Glaubens oder „*nichtreichsdeutsch*“[308] waren, klingt dieser Gedanke an, wird allerdings nur zur Unterstützung der Urteilsfindung herangezogen.

---

305 *Otte*, in: Staudinger, 13. Aufl. (Neubearbeitung 2003) § 2074 Rn. 53.
306 BGH, Beschluss vom 31. 3. 1970 – III ZB 23/68, NJW 70, 1273, 1275; statt vieler *Heinrichs*, in: Palandt, 67. Aufl. (2008) § 138 Rn. 49.
307 BGH, Beschluss vom 31. 3. 1970 – III ZB 23/68, NJW 70, 1273, 1275.
308 KG, Urteil vom 05.05.1938 – 1 Wr 152/38, JFG 17; Nr.78; S. 306, 309.

Wenn auch die Entscheidung des KG in ihrer nationalsozialistischen Einfärbung an sich mehr als fragwürdig ist, so lässt sich der ausgesprochene Gedanke durchaus heute noch als Argument heranziehen. Die darin enthaltene Wertung muss stets in die Abwägung, ob eine Anordnung als sittenwidrig angesehen werden kann, mit eingestellt werden. Stellt der Erblasser seine Zuwendung unter eine auflösende oder eine aufschiebende Bedingung, gibt er dem Bedachten eine Wahlmöglichkeit an die Hand, die dieser sonst nicht hätte. In diese Richtung weist auch eine jüngere Entscheidung des OLG Hamm.[309] Im zugrundliegenden Sachverhalt hatte der Erblasser mit dem Ziel des möglichst weitgehenden Ausschlusses seines (Adoptiv-)Sohnes von der Teilhabe an seinem Vermögen letztwillig bestimmt, dass sein vom unliebsamen (Adoptiv-) Sohn abstammender Enkel Vorerbe sein sollte. Zu Nacherben war ein gemeinnütziger Verein eingesetzt. Der Nacherbfall sollte unter anderem dann eintreten, wenn der (Adoptiv-) Sohn Pflichtteilsansprüche geltend machen würde. Das OLG Hamm erkannte, dass eine derartige Erbeinsetzung nicht i. S. des § 138 Abs. 1 BGB sittenwidrig sei. Der übergangene (Adoptiv-) Sohn werde dadurch zwar vor die Wahl gestellt, seinem eigenen Sohn den gesamten Nachlass der Großeltern zu erhalten oder seinen eigenen Pflichtteil zu fordern, es sei dem Erblasser aber durchaus möglich gewesen, den (Adoptiv-)Sohn und den Enkelsohn ohne Angaben von Gründen zu übergehen und den Nacherben direkt zum Erben zu berufen. Sofern „*aber die alternativ in Betracht kommende Übergehung des Adoptivsohnes und seiner Abkömmlinge gemessen am Maßstab des § 138 Abs. 1 BGB nicht zu beanstanden, kann die Schaffung einer daneben bestehenden, sonst nicht gegebenen Wahlmöglichkeit nicht dazu führen, dass die Bedingung im gemeinschaftlichen Testament nunmehr als sittenwidrig und daher als nichtig anzusehen wäre.*“ Ebenso verhält es sich in den hier diskutierten Fällen der bedingten Erbeinsetzung: Der bedingt eingesetzte Erbe erhält eine Option auf das Erbe, die ihm sonst nicht zustehen würde. Sein Handlungsspielraum wird dadurch erweitert und nicht verkürzt, dass der Erblasser sich anstatt den bedingten Bedachten zu enterben dafür entscheidet, dem Betroffenen eine Wahlmöglichkeit einzuräumen.

In der Literatur wird dieser Argumentation insbesondere von *Goebel* vorgehalten, dass eine Enterbung für den Erblasser dann keine Alternative zur bedingten Erbeinsetzung darstelle, wenn es ihm auf die Person des Bedachten gerade angekommen sei.[310] Dieser Einwand greift aber nicht durch. Wenn der Erblasser eine Bedingung anordnet, dann bringt er damit regelmäßig zum Ausdruck, dass ihm gerade an dem Eintritt der Bedingung, also an einem bestimmten Verhalten

309 OLG Hamm, Beschluss vom 11.01.2005 – 15 W 391/03, ZEV 06 167, 168; vgl. dazu *Westermann*, in: FS für Wiegand (2005), S. 661 ff.

310 *Goebel*, FamRZ 97, 656, 658.

gelegen ist und dass die Person des Bedachten gerade nicht im Vordergrund steht.

b) Wahlmöglichkeit des Bedachten

Den durch eine Bedingung Belasteten steht es frei, der Anordnung des Erblassers Folge zu leisten oder nicht. Die Rechtsprechung, die den Erben vor einem ihm nicht zumutbaren Druck schützen will, nimmt den Betroffenen diese Entscheidung ab, indem sie ihm den Anfall des Zugewandten sichert. Diese jedem zustehende Freiheit, eine Erbschaft nicht anzutreten, wird lediglich in der Entscheidung des OLG Düsseldorf[311] zur Zulässigkeit der Anordnung der Dauertestamentsvollstreckung bis zum Austritt aus einer Religionsgemeinschaft am Rande zur Begründung der Entscheidung in der Sache herangezogen. Die darin enthaltene Wertung hätte allerdings auch in den auf diese Entscheidung folgenden Entscheidungen anderer Gerichte Berücksichtigung finden müssen, zumal die Freiheit, das Erbe auszuschlagen, jedermann zusteht und auch pflichtteilsberechtigten Erben nicht die Möglichkeit nimmt, den Pflichtteil zu verlangen.

(1) Auswirkungen auf nicht pflichtteilsberechtigte Personen

Die Anordnung einer Potestativbedingung führt stets zu einer Vor- und Nacherbschaft.[312] Ist eine Person, die nicht zum Kreis der Pflichtteilsberechtigten des § 2303 BGB gehört von der Bedingung betroffen, steht es ihr ohnehin frei, das Zugewandte auszuschlagen. Die Entscheidung darüber, ob sie sich der Anordnung unterwerfen will, um das Zugewandte zu erlangen, ist ebenso Ausdruck persönlicher Freiheit, wie der Entschluss, die Erbschaft auszuschlagen.

(2) Auswirkungen auf pflichtteilsberechtigte Personen

Zählt der Bedachte zum Kreise der Pflichtteilsberechtigten, so bestimmen sich seine Rechte nach § 2303 BGB bzw. nach § 2306 BGB. Ihm ist es je nach Lage des Einzelfalls jedenfalls gem. § 2306 BGB ausnahmsweise möglich, die Erbschaft auszuschlagen, ohne dadurch seine Pflichtteilsanspruch zu verlieren, wozu die Ausschlagung ansonsten zwingend führen würde, da die Ausschlagung keinen

---

311 OLG Düsseldorf, Beschluss vom 02.03.1988 – 3 Wx 290/87, NJW 88 S. 2615, 2617.

312 *Leipold*, in: MüKo, 4.Aufl. (2004), Band 9, § 2069 Rn. 16; *Edenhofer*, in: Palandt, 67. Aufl. (2008) § 2075 Rn. 5; *Otte*, in: Staudinger, 13. Aufl. (Neubearbeitung 2003) § 2074 Rn. 32.

Ausschluss von der Erbfolge durch letztwillige Verfügung i.S.d. § 2303 I BGB darstellt.[313]

(i) Aufschiebende Bedingungen

Die Anordnung einer aufschiebenden Bedingung kann als aufschiebend bedingte Nacherbeneinsetzung oder als aufschiebend bedingte Ersatzerbeneinsetzung angesehen werden.[314] Sind ausdrückliche Vorerben nicht genannt, sind gem. § 2105 I BGB die gesetzlichen Erben als Vorerben berufen.[315]

Der als aufschiebend bedingter Nacherbe anzusehende Pflichtteilsberechtigte wird mit dem Erbfall bereits Nacherbe, auch wenn ihm die Erbschaft als solche erst im Eintritt des Nacherbfalls zufällt.[316] Als solcher ist er nicht durch Verfügung von Todes wegen von der Erbfolge ausgeschlossen.[317] Er ist aber durch die Einsetzung als Nacherbe belastet i.S.d. § 2306 II BGB.[318] Die Entscheidung darüber, ob er den Pflichtteil verlangen kann, hängt in diesem Fall gem. § 2306 I BGB davon ab, ob die ihm hinterlassene Nachlassquote größer oder kleiner als der auf ihn entfallende Pflichtteil ist. Stellt das Zugewandte mehr als die Hälfte des gesetzlichen Erbteils dar, muss der Pflichtteilsberechtigte den Erbteil ausschlagen, um den Pflichtteil verlangen zu können. Ist er geringer gilt die Beschränkung als nicht angeordnet.

Ergäbe die Auslegung der letztwilligen Verfügung, dass der Pflichtteilsberechtigte als aufschiebend bedingter Ersatzerbe eingesetzt ist, würde dieser zunächst nicht Erbe und wäre daher kraft Verfügung von Todes wegen von der Erbfolge ausgeschlossen, so dass es eines Rückgriffs auf die Ausnahmeregelung des § 2306 BGB nicht bedürfte. Er könnte ohne weiteres den Pflichtteil verlangen. Bei Potestativbedingungen der dieser Untersuchung zugrundeliegenden Art dürfte allerdings regelmäßig nur eine aufschiebend bedingte Nacherbschaft in Betracht kommen, da es dem Erblasser regelmäßig gerade darum gehen wird, einer ganz bestimmten Person den Nachlass direkt zukommen zu lassen, sofern sie

---

313 Vgl. statt vieler *Edenhofer*, in: Palandt, 67. Aufl. (2008) § 2303 Rn. 1.

314 *Haas*, in: Staudinger, 13. Aufl. (Neubearbeitung 2003) § 2303 Rn. 49.

315 *Litzenburger*, in: Bamberger/Roth BGB, online: www.beck-online.de, Datum des Zugriffs: 01.12.2007, § 2074 Rn. 3.

316 BGH, Urteil vom 08.10.1997 – IV ZR 236/96 NJW 98, 543; *Haas*, in: Staudinger, 13. Aufl. (Neubearbeitung 2003) § 2303 Rn. 50; *Mayer*, in: Bamberger/Roth BGB, online: www.beck-online.de, Datum des Zugriffs: 01.12.2007, § 2303 Rn. 17.

317 *Haas*, in: Staudinger, 13. Aufl. (Neubearbeitung 2003) § 2303 Rn. 50.

318 *Haas*, in: Staudinger, 13. Aufl. (Neubearbeitung 2003) § 2303 Rn. 50; *Mayer*, in: in: Bamberger/Roth BGB, online: www.beck-online.de, Datum des Zugriffs: 01.12.2007, § 2303 Rn. 16.

sich seinem Willen fügt. Eine Ersatzerbenfunktion des durch die Bedingung Belasteten kommt nur ausnahmsweise in Betracht.

Durch die geplante Reform des Pflichtteilsrechts[319] wird die Unterscheidung, ob der hinterlassene Erbteil größer oder kleiner als die Hälfte des gesetzlichen Erbteils ist, hinfällig werden. Der Pflichtteilsberechtigte wird in jedem Fall das Recht zur Ausschlagung des Erbschaft gegeben, ohne dass an die Ausschlagung der Verlust des Pflichtteilsrechts geknüpft wird. Die bisher geltende Regelung, nach der die vom Erblasser aufgestellten Beschränkungen als nicht angeordnet gelten, sofern der hinterlassene Erbteil kleiner als die Hälfte des gesetzlichen Erbteils ist, soll gestrichen werden.

(ii) Auflösende Bedingungen

Der auflösend bedingt zum Erben Berufene erhält die Erbschaft nur vorläufig, ist also als Vorerbe anzusehen.[320] Als solcher ist er durch die Einsetzung eines Nacherben, in Ermangelung einer ausdrücklichen Regelung durch den Erblasser der gesetzlichen Erben als Nacherben, gem. § 2104 BGB beschwert.[321] Wie bei einer auflösenden Bedingung hängt also die Frage, ob der pflichtteilsberechtigte Vorerbe von der Bedingung gem. § 2306 I S.1 BGB gleichsam befreit wird oder ob er das Zugewandte ausschlagen muss, davon ab, wie groß der ihm auflösend bedingt zugewandte Erbteil in quotaler Hinsicht ist.

5. Überbetonung der subjektiven Einstellung des Erblassers

a) Fremdkörper Strafgedanke

Die Entscheidungen des OLG Düsseldorf[322] und des BayObLG[323] stellen maßgeblich auf die subjektive Einstellung des Erblassers ab. Das OLG Düsseldorf fordert eine Absicht des Erblassers im Sinne eines vorrangig bestimmenden Motivs, dem Bedachten die „*Erlangung einer besseren Rechtstellung [...] nur um*

---

319 Referentenentwurf Pflichtteilsrecht, online: Bundesministerium der Justiz http://www.bmj.bund.de/files/-/2049/GesetzE%20Pflichtteilsrecht.pdf, (Datum des Zugriffs: 01.12.2007).

320 *Haas*, in: Staudinger, 13. Aufl. (Neubearbeitung 2003) § 2303 Rn. 47.

321 *Litzenburger*, in: Bamberger/Roth BGB, online: www.beck-online.de, Datum des Zugriffs: 01.12.2007, § 2074 Rn. 4.

322 Vgl. dazu C.I.10.

323 Vgl. dazu C.I.11.

den Preis einer Verkürzung seines Persönlichkeitsrechtes" zu ermöglichen.[324] Auch das BayObLG geht davon aus, dass eine sittenwidrige Klausel stets „*von einer missbilligenswerten Gesinnung des Erblassers getragen sein*" müsse.[325] Durch den Fokus der Entscheidungen auf der Sanktionierung eines (vermeintlich) verwerflichen Erblasserwillens besteht die Gefahr, § 138 BGB im Ergebnis als eine Strafvorschrift anzuwenden. Der gesetzgeberische Zweck des § 138 BGB liegt aber in der Verhinderung sittenwidriger Rechtsgeschäfte zum Schutz des Rechtsverkehrs und seiner Teilnehmer. Strafzwecke werden mit zivilrechtlichen Regelungen grundsätzlich nicht verfolgt.[326]

b) Privilegierung des schweigsamen Erblassers

Käme es verstärkt oder ausschließlich auf die innere Willensrichtung des Erblassers dafür an, ob seine Verfügung rechtlich anerkannt werden kann oder nicht, führte dies im Ergebnis dazu, dass der Erblasser, der seine Motive ausdrücklich offen legt, im Hinblick auf die Durchsetzung seines letzten Willens schlechter behandelt werden müsste, als derjenige Erblasser, der seine Motive verschweigt.[327] Eine (vermeintlich) sittenwidrige Absicht, einen Bedachten, zum Beispiel den überlebenden Ehegatten, einer zölibatösen Lebensweise zu unterwerfen mag im Einzelfall auch bei einer gängigen Wiederverheiratungsklausel bestehen. Bringt der Erblasser diese Absicht in seiner Verfügung zum Ausdruck, muss insbesondere nach der Linie des OLG Düsseldorf der Verfügung die Durchsetzung verwehrt bleiben. Dies würde aber dazu führen, dass der Wille eines Erblassers, der eine solche Absicht nicht offen legt, Bestand haben könnte. Das Kriterium der Motivation des Erblassers wirft daher in der Praxis erhebliche Beweisschwierigkeiten auf, die durch die gesetzlich vorgesehenen Auslegungshilfen sogar noch verstärkt werden: Ist eine letztwillige Verfügung nach § 2084 BGB im Zweifel zugunsten ihrer Wirksamkeit auszulegen, ist eine verwerfliche Gesinnung des Erblassers also im Zweifel zu verneinen, dann wird dadurch die Privilegierung des schweigsamen Erblassers noch gesteigert.

---

324 OLG Düsseldorf, Beschluss vom 02.03.1988 – 3 Wx 290/87, NJW 88 S. 2615, 2616.

325 BayObLG, Beschluss vom 03.09.1996 – 1Z BR 41/95, FamRZ 97, 705, 710.

326 *Brox*, Erbrecht, 22.Aufl. (2007), Rn. 263.

327 Vgl. *Smid*, NJW 90, 409, 410.

c) *Subjektive Einstellung des Erblassers bei Wahl rechtlich zulässiger Konstruktionen irrelevant*

Wählt der Erblasser eine zulässige Gestaltungsmöglichkeit, kann für § 138 BGB kein Raum bleiben. Enterbt der Erblasser einen gesetzlichen Erben, können seine Gründe dafür noch so moralisch verwerflich sein. Dass es ihm frei steht, gesetzliche Erben von der Erbfolge auszuschließen, bezweifelt niemand. Auch dass BVerfG gesteht dem Erblasser dabei zu, willkürlich zu handeln. Wenn es aber dem Erblasser freisteht, nach Herzenslust zu diskriminieren, dann kann ihm ein dahingehender Vorsatz nicht zum Nachteil gereichen, auch nicht über die Anwendung des § 138 BGB. Daran wird deutlich, dass ein moralisch verwerflicher Wille des Erblassers für die Sittenwidrigkeit einer letztwilligen Verfügungen alleine nicht ausschlaggebend sein kann.

6. *Verfassungsrechtliche Bedenken*

a) *Zulassung extremer Diskriminierung bei gleichzeitiger Ablehnung von Einwirkungen auf die Entscheidungsfreiheit widersprüchlich*

Das BVerfG betont, es sei von Verfassungs wegen unbedenklich, dass der Erblasser seine Erben nach eigenem Ermessen wählen könne und unter ihnen zu einer Gleichbehandlung nicht gehalten sei.[328] Die Testierfreiheit umfasse das Recht, bei der Anordnung der Rechtsnachfolge von den Überzeugungen der Mehrheit abzuweichen. Gleichzeitig räumt sich das BVerfG aber einen Beurteilungsspielraum ein, innerhalb dessen es über die Verfassungsmäßigkeit von Entscheidungen der Zivilgerichte entscheiden will. Von Bedeutung sei dabei *„namentlich die Intensität der Grundrechtsbeeinträchtigung: Je mehr eine zivilgerichtliche Entscheidung grundrechtsgeschützte Voraussetzungen freiheitlicher Existenz und Betätigung"* verkürze, *„desto eingehender muss die verfassungsgerichtliche Prüfung sein, ob eine solche Verkürzung verfassungsrechtlich gerechtfertigt"*[329] sei. Gerade aber Diskriminierungen jeglicher Art, folglich auch Diskriminierungen unter einzelnen Erben, verstoßen eklatant gegen den allgemeinen Gleichheitsgedanken des Art 3 GG. Das Prinzip der Gleichheit aller Menschen stellt gerade jene *„grundrechtsgeschützte Voraussetzungen freiheitli-*

328 BVerfG, Beschluss vom 22.03.2004 – 1 BvR 2248/01, NJW 04, 2008, 2010; BVerfG, Beschluss vom 16.10.1984 – 1 BvR 513/78, NJW 85, 1455, 1458.

329 BVerfG, Beschluss vom 22.03.2004 – 1 BvR 2248/01, NJW 04, 2008, 2009.

cher Existenz und Betätigung"[330] dar, deren Verkürzung das BVerfG verfassungsrechtlicher Kontrolle unterwerfen will.

Mit dem in der Entscheidung des BVerfG zum Ausdruck kommenden weitgehenden Beurteilungsspielraum im Hinblick auf zivilrechtliche Entscheidungen wird die auf der anderen Seite ebenfalls geforderte eingeschränkte Prüfungskompetenz des BVerfG *ad absurdum* geführt. Jede diskriminierende Anordnung des Erblassers könnte eine verfassungsrechtliche Streitigkeit nach sich ziehen.[331] Ist eine noch so diskriminierende Ausübung der Testierfreiheit von Verfassungs wegen aber nicht zu beanstanden, dann muss dies erst recht für eine Anordnung im Rahmen der Testierfreiheit gelten, die die Bedachten lediglich mittelbar in der Ausübung ihrer Entschließungsfreiheit berührt. Der Bedachte wird beispielsweise durch die Auferlegung einer Eheschließungsklausel weder zu einer Eheschließung mit einer bestimmten Person gezwungen noch wird diese unmöglich gemacht. Er muss lediglich die damit einhergehenden vermögensrechtlichen Folgen auf sich nehmen. Ein grundgesetzlich garantiertes Recht der Freiheit von gesellschaftlichem Druck oder persönlichen Zwiespälten gibt es nicht.[332]

b) Konturlose Ausdehnung der Drittwirkungslehre

Das von den Anhängern der Abwägungslehre zu Felde geführte Postulat, der Erblasser dürfte potentielle Erben nicht unter unzumutbaren Druck setzen, dehnt die Lehre von der mittelbaren Drittwirkung der Grundrechte ins Uferlose aus. Letztendlich macht es jeden Streit um eine bedingte Erbeinsetzung zu einer verfassungsrechtlichen Streitigkeit. Zur Veranschaulichung dieser These kann folgender Beispielsfall dienen:

> Der Erblasser setzt einen seiner Söhne in einem handschriftlichen Testament zum Alleinerben ein. Gleichzeitig stellt er die Bedingung auf, dass der Bedachte den Hund des Erblassers nach dessen Tod in Pflege nehmen soll, um das Erbe antreten bzw. behalten zu können.

Hat der Bedachte eine ausgesprochene Abneigung gegen Tiere, stellt sich die Frage, ob er möglicherweise unter unzumutbaren Druck gesetzt wird, das Erbe anzutreten und das Tier zu versorgen. Auf Seiten des Bedachten lässt sich seine allgemeine Handlungsfreiheit aus Art. 2 I GG und bei einer starken Abneigung des Bedachten gegen Hunde auch sein allgemeines Persönlichkeitsrecht aus Art. 1 I i.V.m. Art 2 I GG zu Felde führen. Die Drucksituation, in der sich der

---

330 BVerfG, Beschluss vom 22.03.2004 – 1 BvR 2248/01, NJW 04, 2008, 2009.
331 *Isensee*, DNotZ 04, 755, 766.
332 *Isensee*, DNotZ 04, 755, 762.

Bedachte durch die Anordnung des Erblassers befinden kann, ist offensichtlich. Hat der Betroffene darüber hinaus beispielsweise eine Hundehaarallergie, streitet zu seinen Gunsten noch das Grundrecht auf körperliche Unversehrtheit aus Art. 2 II GG. Nach der Abwägungslehre lassen sich derartige Fälle durchaus als gem. § 138 BGB nichtige Anordnungen ansehen. Die Überprüfung einer solchen Bedingung obläge letztendlich wegen des starken Grundrechtsbezugs dem BVerfG. Es wird damit zum „*höchsten deutschen Nachlassgericht*“ erhoben.[333]

7. Gefahr der Ersetzung des Erblasserwillens durch Ermessen des Richters

Durch ein Abstellen auf das Kriterium des für den Bedachten unzumutbaren Drucks wird sich die Inhaltskontrolle letztwilliger Verfügungen nach dem richterlichem Ermessen des Nachlassrichters ausrichten. Für diesen bringt der vom BVerfG vorgegebene Prüfungsmaßstab allerdings keinerlei Erkenntnisgewinn: der unbestimmte Rechtsbegriff des Verstoßes gegen die guten Sitten wird durch den wenigstens ebenso unbestimmten Rechtsbegriff des für den Bedachten unzumutbaren Drucks ersetzt. Die Entscheidung, ob eine letztwillige Verfügung vor dem Recht Bestand haben kann, wird also dem Gutdünken und der Abwägung des erkennenden Richters überlassen.[334] Dieser muss eine gezwungenermaßen subjektive Wertung vornehmen, ob ein zur Bedingung erhobenes Verhalten „*gegen das Anstandsgefühl aller billig und gerecht Denkender*“ – zu dieser Referenzgruppe wird sich der erkennende Richter im Regelfall zugehörig fühlen – verstößt. In sein Urteil werden, bewusst oder unbewusst, seine eigenen Wertvorstellungen einfließen.[335]

8. Unterschiedliche Handhabe inhaltsgleicher Verfügungen

Einige der vorgeschlagenen Lösungsansätze führen je nach Formulierung der letztwilligen Verfügung im Einzelfall zu willkürlichen Ergebnissen. Zur Verdeutlichung dieser Problematik soll folgendes, hypothetisches Fallbeispiel dienen:

Der Erblasser hinterlässt ein handschriftliches Testament folgenden Inhalts:

„Alleinerbe soll meine Tochter A werden. Meine Tochter B soll dagegen nur den Pflichtteil erhalten. Wie gerne hätte ich meine Töchter zu gleichen Teilen bedacht. Da

333 *Isensee*, DNotZ 04, 755, 755.
334 *Isensee*, DNotZ 04, 755, 755.
335 So auch schon *Knobbe-Keuk*, FamRZ 72, 9, 11.

meine Tochter B aber mit dem verschwenderischen X verheiratet ist und diesen über alles liebt, kann ich nicht zulassen, dass X faktisch an meinem Vermögen beteiligt wird."

Falls B zum Zeitpunkt des Erbfalls nicht mehr mit X verheiratet ist, möglicherweise auch gerade weil sie von der Verfügung ihres Vaters Kenntnis hatte, kann sie das Testament nach § 2080 I i.V.m. § 2078 II BGB erfolgreich anfechten und ihre Enterbung beseitigen, so dass beide Töchter zu gleichen Teilen Erbe werden.

Hätte der Erblasser folgendes Testament hinterlassen,

„Alleinerbe soll meine Tochter A werden. Meine Tochter B soll dagegen nur den Pflichtteil erhalten, es sei denn, dass sie sich von dem verschwenderischen X scheiden lässt, da ich nicht zulassen kann, dass X faktisch an meinem Vermögen beteiligt wird."

so käme ein Teil der Literatur, beispielsweise die Verfechter der älteren Lehre, die Vertreter einer Abwägungslehre, die eine objektive bzw. mittelbare Beeinträchtigung der Entscheidungsfreiheit ausreichen lassen, sowie die Befürworter einer wesenimmanenten Beschränkung der Testierfreiheit auf vermögensverteilende Anordnungen zu dem Schluss, dass letztere Anordnung von vorneherein bzw. nach § 138 BGB nichtig wäre, ungeachtet der Frage, ob B sich von der Anordnung des Erblassers bis zum Erbfall zu einer Scheidung motivieren lässt oder nicht. In jedem Fall wären beide Töchter zu gleichen Teilen Erbe geworden. Zum gleichen Ergebnis müssen diejenigen kommen, die Diskriminierungen durch den Erblasser sanktionieren wollen, sofern im oben genannten Beispiel Anknüpfungspunkt des Erblasserwillens nicht eine Verschwendungssucht des Ehegatten ist, sondern dessen Rasse oder Hautfarbe.

Inhaltlich sind beide Anordnungen völlig identisch. Von der Formulierung im Einzelfall hängt aber ab, welchem rechtlichen Schicksal die Verfügung des Erblassers unterworfen ist. Derart inhaltsgleiche Anordnungen müssen aber gleich behandelt werden.

9. Einwand der Realitätsferne unbegründet

Der Vorwurf, die Annahme einer generellen Zulässigkeit erbrechtlicher „*Angebote*"[336] verkenne die Lebenswirklichkeit[337], lässt sich in der von *Otte* formulierten Weise nicht halten. Ebenso wenig, dass in der Ablehnung der Abwägungsleh-

336 *Gutmann*, NJW 04, 2347, 2347.
337 *Otte*, in: Staudinger, 13. Aufl. (Neubearbeitung 2003) § 2074 Rn. 31a.

re „*hohles Pathos*“[338] zum Ausdruck komme, da die Kritiker selbst keinen Lösungsansatz böten. In beiderlei Hinsicht ist das Gegenteil der Fall.

Sofern man dem Einwand der „*lebensfremden Sicht*“ der Dinge wegen des zwingend vom Standpunkt des jeweiligen Betrachters abhängenden Charakters überhaupt rechtliche Relevanz abgewinnen will, so lässt sich dies auch der wohl herrschenden Meinung entgegenhalten. Es ist nicht weniger lebensfremd, in dem scheinbaren Dilemma, in dem man nach allgemeiner Auffassung den Bedachten wähnt, etwas anderes als einen finanziellen Konflikt zu erblicken. Unzutreffend ist auch, dass die Kritiker der Theorie vom unzumutbaren Druck keinen eigenen Lösungsansatz böten. Der hier vertretene Ansatz bietet eine weitaus einfacher zu handhabende Lösung an, als derjenige den die Vertreter der herrschenden Meinung anbieten. Letzterer verliert sich in den unzähligen Ausnahmen und Differenzierungen, die je nach dem betroffenen Recht des Bedachten vorzunehmen sein sollen.

---

338 *Otte*, in: Staudinger, 13. Aufl. (Neubearbeitung 2003) § 2074 Rn. 31a.

D. Zusammenfassung und Ausblick: Schranken letztwilliger Potestativbedingungen durch § 138 BGB

I. Kein Verstoß gegen § 138 BGB bei an sich unbedenklicher Bedingungssetzung

Dem Erblasser steht es frei, von den Gestaltungsmitteln, die ihm das BGB an die Hand gibt Gebrauch zu machen. Er ist dabei nicht an die der gesetzlichen Erbfolge zugrundeliegenden Grundsätze der Familienerbfolge gebunden. In § 2074 und § 2075 BGB bringt das Gesetz klar zum Ausdruck, dass der Testator seine Vermögensnachfolge unter eine aufschiebende oder eine auflösende Bedingung stellen kann. Inhaltliche Grenzen dieser Bedingungssetzung gibt das Gesetz nicht vor. Dem Bedachten, dem das Gesetz nur dann eine im Übrigen auch lediglich schuldrechtliche Nachlassbeteiligung garantiert, wenn er zum Kreis der Pflichtteilsberechtigten gehört, steht es frei, sich der Bedingung zu fügen, da sie eine Bindungswirkung nicht auslöst. Stellt ihn diese Entscheidung vor die Wahl zwischen Vermögenszuwachs auf der einen Seite und möglicher Einschränkung eigener Lebensvorstellungen und Ziele auf der anderen Seite, so ist es allein am Bedachten, darüber zu entscheiden, wie er sich verhalten will. Der Konflikt in dem er sich befinden mag ist rein finanzieller Natur. Selbst wenn er sich gegen die Befolgung des Erblasserwillens entscheidet und die Erbschaft ausschlägt, verliert er dadurch nichts, auf das er einen rechtlich anerkannten Anspruch hätte. Selbst Pflichtteilsberechtigte, denen die Nachlassbeteiligung nicht entzogen werden kann, gehen in diesem Fall nicht leer aus. Die Erbschaft, die im Falle einer Bedingungssetzung stets mit einer Vor- bzw. Nacherbschaft verbunden ist, können sie gem. § 2306 I BGB ausschlagen und den Pflichtteil verlangen. Das Instrumentarium der Ausschlagung der Erbschaft ist ausreichend, um die Interessen des Bedachten zu schützen. Es bedarf keiner Anwendung des § 138 BGB, die ihm eine im Gesetz nicht vorgesehene, über das Pflichtteilsrecht hinausgehende Nachlassbeteiligung ermöglicht. Daraus folgt, dass Wiederverheiratungsklauseln, Pflichtteilsstrafklauseln und kaptatorische Verfügungen uneingeschränkt zulässig sind. Darin liegt auch keine Verkennung der Ausstrahlungswirkung der Grundrechte als objektive Wertordnung, die die Zivilgerichte bei der Auslegung und Anwendung des einfachen Rechts zu beachten haben. Die grundrechtliche Wertordnung gibt eine Nachrangigkeit der Testierfreiheit gerade nicht vor. Praktische Konkordanz zwischen den betroffenen Grundrechtspositionen der Beteiligten hat der Gesetzgeber in den Regeln des Pflichtteilsrechts geschaffen.

II. Ausblick: Verstoß gegen § 138 BGB bei Verstoß des zur Bedingung erhobenen Verhaltens gegen gesetzliche Verbote oder die guten Sitten

Die hier vertretene Herausnahme solcher Potestativbedingungen, welche die Erbberechtigung an ein an sich sittlich neutrales Handeln knüpfen, aus der Inhaltskontrolle des § 138 BGB führt indes nicht dazu, dass § 138 BGB im Bereich der letztwilligen Verfügungen keinen Anwendungsbereich mehr hätte. Für den Schutz des Rechtsverkehrs vor Rechtsgeschäften, deren Auswirkungen mit einfachgesetzlichen Wertungen sowie den Wertungen der Grundrechte nicht zu vereinbaren sind, besteht auch bei letztwilligen Potestativbedingungen durchaus noch ein Bedürfnis – wenn auch wohl nur im Ausnahmefall. Eine Einschränkung der Testierfreiheit durch die Inhaltskontrolle des § 138 BGB kommt dann in Betracht, wenn das zur Bedingung erhobene Verhalten selbst sitten- oder gesetzeswidrig ist.[339] Dabei ist die systematische Stellung des § 138 BGB in unmittelbarer Nähe zu § 134 BGB zu beachten und die Identität der Rechtsfolgen, die an einen Verstoß gegen die jeweilige Vorschrift gekoppelt ist. Beides spricht dafür, im Rahmen des § 138 BGB eine Schwere des Sitten- oder Gesetzesverstoßes des zur Bedingung gemachten Verhaltens zu verlangen, die derjenigen bei § 134 BGB angenähert ist.[340]

Der Grund für Sittenwidrigkeit derartiger Bedingungen ist in der vom Erblasser angestrebten Verletzung der Rechte Dritter oder der Allgemeinheit zu erblicken. Im Unterschied zur Situation bei den Bedingungen, die dem Bedachten ein an sich unbedenkliches Verhalten abverlangen, welches im Falle der Befolgung nur die Interessen des Bedachten selbst berührt, führt die Fügung unter eine Bedingung, die einen Gesetzes oder Sittenverstoß zum Gegenstand hat, stets dazu, dass geschützte Rechtspositionen Dritter und/ oder der Allgemeinheit verletzt werden. Muss der Bedachte eine Straftat oder Ordnungswidrigkeit begehen, um in den Genuss der Erbschaft zu kommen, so ist ihm dies nur unter Verletzung der Rechte des Betroffenen und der Allgemeinheit möglich. Aber auch bei einem Verhalten, das noch nicht die Schwelle der Strafbarkeit oder der Ordnungswidrigkeit erreicht, aber trotzdem als sittenwidrig angesehen werden muss, wird die Verletzung der Allgemeininteressen deutlich. Im oben bereits erwähnten, einzig

339 G.h.M. vgl. BayObLG, Beschluss vom 10.12.1985 – BReg 1 Z 59/85, FamRZ 86, 606 ff.; *Leipold*, in: MüKo, 4.Aufl. (2004), Band 9, § 2074 Rn. 18; *Otte*, in: Staudinger, 13. Aufl. (Neubearbeitung 2003) § 2074 Rn. 30; *Litzenburger, in:* Bamberger/Roth BGB, online: www.beck-online.de, Datum des Zugriffs: 01.12.2007, § 2074 Rn. 7.

340 Vgl. dazu *Smid*, NJW 90, 409, 413; *Sack*, in Staudinger, 13. Aufl. (Neubearbeitung 2003) § 138 Rdnr. 26 ff.

zu diesem Themenkreis entschiedenen Fall[341], in dem der Bedachte die Pulsadern des Erblassers nach dessen Tod hätte öffnen sollen bzw. diese Handlung durch einen Arzt hätte vornehmen lassen sollen (offenbar fürchtete der Erblasser, lebendig begraben zu werden), verstößt das zur Bedingung gemachte Verhalten gegen eine gesetzlich klar erkennbare Wertung. Zwar ist der Tatbestand des 168 StGB, Störung der Totenruhe, nicht erfüllt, da das Öffnen der Pulsadern einer Leiche keinen beschimpfenden Unfug i.S. der Vorschrift darstellt, ein klarer Verstoß gegen die allgemein anerkannten Grundsätze der Pietät lässt sich darin aber sehr wohl erkennen.

Im Gegensatz zur der Situation bei an sich sittlich neutralen Bedingungen kann der Bedachte bei Bedingungen, die ein sittenwidriges Verhalten zum Gegenstand haben, den oben beschriebenen Preisvergleich[342] nicht vornehmen, ohne Drittinteressen mit in seine Berechnung einzustellen. Da in einem solchen Fall der Preis für die Befolgung des Erblasserwillens von der Allgemeinheit, nicht nur vom Bedachten selbst, zu zahlen ist und zwangsläufig Drittrechte berührt sind, ist es interessen- und sachgerecht, bei der Inhaltskontrolle der Verfügung i.R.d. § 138 BGB einen strengeren Maßstab anzulegen.

Die Rechtsfolge einer in sittenwidriger Weise bedingten Erbeinsetzung hängt von den Umständen des Einzelfalls ab. Eine Aufrechterhaltung der Verfügung lässt sich nur über § 140 BGB begründen. Zu beachten ist stets, dass dem Erblasser keine Verfügung aufgezwungen werden darf, die er so weder gewollt noch formgerecht niedergelegt hat. Lässt sich ein hypothetischer Wille des Testators auch unter Ausschöpfung aller Indizien nicht feststellen, muss die Anordnung insgesamt verworfen werden.

III. Fazit

Die vorliegende Untersuchung will keine Lanze für diejenigen Erblasser brechen, deren Wille auf Beherrschung der Geschicke der Hinterbliebenen gerichtet ist. Eine übermäßige Bindung der Betroffenen an einen einmal fixierten Willen wirkt sich in der Praxis oft gerade nicht in einer klaren und geordneten Rechtsnachfolge aus, sondern führt häufig zu Streit zwischen den Erben. Durch die mit der bedingten Erbeinsetzung einhergehenden Anordnung von Vor- und Nacherbschaft wird der Nachlass des Erblassers auch zweimal, beim Erbfall und beim Nacherbfall, gem. § 6 II ErbStG mit der Erbschaftssteuer belastet, wodurch die Anordnung einer solchen Verfügung auch aus wirtschaftlicher Sicht unsinnig sein kann.

341 BayObLG, Beschluss vom 10.12.1985 – Breg 1 Z 59/85, FamRZ 86, 606 f.
342 Vgl. dazu oben C. IV. 1. b).

Andererseits bestehen im Einzelfall sicher nachvollziehbare Gründe, zur Erhaltung des Familienvermögens bestimmte Personen oder Personengruppen von der faktischen Nachlassbeteiligung auszuschließen. Der Erblasser oder sein Rechtsberater, der ihm bei der Gestaltung der Verfügung zu Seite steht, tut also gut daran, genau abzuwägen, bevor er derartige Bedingungen ausspricht bzw. auszusprechen empfiehlt, wenn er die Erben nicht gegeneinander aufbringen will.

Diese Untersuchung will vielmehr einer herrschenden Literaturmeinung und gefestigten Rechtsprechung entgegentreten, die die grundgesetzlich garantierte Testierfreiheit ohne Not über Gebühr einengt und weitergedacht zu einer ufer- und konturlosen Inhaltskontrolle letztwilliger Verfügungen führt. Die geplante Reform des Pflichtteilsrechts,[343] die u.a. die Liberalisierung der Möglichkeiten des Erblassers zur Pflichtteilsentziehung vorsieht, weist mit der Stärkung der Testierfreiheit in die richtige Richtung. Diese Reform entzieht den Ergebnissen dieser Untersuchung auch nicht die Grundlage. Das Pflichtteilsrecht der nächsten Angehörigen wird als solches nicht angetastet. Auch die Ausschlagungsmöglichkeiten der Bedachten werden durch die zu erwartende Gesetzeslage nicht beschnitten.[344] Bedingte Erbeinsetzungen mögen töricht und unüberlegt sein und Unbehagen auslösen. Die Betroffenen mögen sie vor schwierige Entscheidungen mit langfristigen finanziellen Auswirkungen stellen. Eines sind sie aus diesen Gründen aber noch lange nicht: Sittenwidrig.

343 Referentenentwurf Pflichtteilsrecht, online: Bundesministerium der Justiz http://www.bmj.bund.de/files/-/2049/GesetzE%20Pflichtteilsrecht.pdf, (Datum des Zugriffs: 01.12.2007).

344 Vgl. oben C III. 4. b) (2) (i).

Studien zum deutschen und internationalen Familien- und Erbrecht

Herausgegeben von Martin Lipp, Christoph Benicke
und Marina Wellenhofer

Band 1 Jessica Kriewald: Statusrelevante Erklärungen des Familienrechts. 2009.

Band 2 Martin Gilbert: Unmoralische Angebote, Grundrechtskitsch und die kalte Hand des Erblassers. 2009.

www.peterlang.de

Peter Lang · Internationaler Verlag der Wissenschaften

Thorsten Führ

Einwirkungen der Grundrechte auf die Testierfreiheit

Unter besonderer Berücksichtigung der Wirksamkeit letztwilliger Potestativbedingungen

Frankfurt am Main, Berlin, Bern, Bruxelles, New York, Oxford, Wien, 2007.
222 S.
Europäische Hochschulschriften: Reihe 2, Rechtswissenschaft. Bd. 4507
ISBN 978-3-631-55334-3 · br. € 41.10*

Mehr und mehr zeigt die Entwicklung der letzten Jahrzehnte, dass die Testierfreiheit als fundamentaler Bestandteil des deutschen Erbrechts nicht nur durch Verfassungsrecht garantiert, sondern auch einschränkend beeinflusst wird. Insbesondere die Wirkung der zivilrechtlichen Generalklauseln als Einfallstor für die Grundrechte spielt hierbei eine gewichtige Rolle. Im Bereich des Erbrechts wurde das Tor zu einer grundrechtsgestützten richterlichen Inhaltskontrolle bislang nur einen Spalt geöffnet. Festzuhalten ist aber, dass insbesondere in den in der jüngeren Vergangenheit höchstrichterlich behandelten Streitigkeiten um adelsrechtliche Konsens- bzw. Ebenbürtigkeitsklauseln eine fortschreitende verfassungsrechtliche Inhaltskontrolle letztwilliger Verfügungen zu beobachten ist. Auf der Basis ausgewählter Fälle mit aktueller Relevanz und weiterer in der Literatur seit langem behandelter Testamentsklauseln wird in der Arbeit untersucht, inwiefern diese Entwicklung zu begrüßen oder abzulehnen ist, und welche Konsequenzen daraus für die Überprüfbarkeit letztwilliger Potestativbedingungen resultieren.

Aus dem Inhalt: Weitestgehende Wirksamkeit letztwilliger Potestativbedingungen · Ablehnung grundrechtsgestützter Inhaltskontrolle letztwilliger Potestativbedingungen · Schlichte Sittenwidrigkeit letztwilliger Potestativbedingungen nur in Extremfällen · Wiederverheiratungsklauseln

Frankfurt am Main · Berlin · Bern · Bruxelles · New York · Oxford · Wien
Auslieferung: Verlag Peter Lang AG
Moosstr. 1, CH-2542 Pieterlen
Telefax 0041(0)32/3761727

*inklusive der in Deutschland gültigen Mehrwertsteuer
Preisänderungen vorbehalten

Homepage http://www.peterlang.de

FSC
www.fsc.org
MIX
Papier | Fördert gute Waldnutzung
FSC® C083411

Kolibri 360 GmbH
Ferdinand-Jühlke-Straße 7
99095 Erfurt, Deutschland
produktsicherheit@kolibri360.de